李鄂民　编著

实用液压技术一本通

第三版

U0178175

化学工业出版社

·北京·

本书内容主要包括液压传动的流体力学基础知识，液压元件的工作原理和结构特点，液压传动与控制基本回路和典型液压系统的组成与分析，液压系统的安装、调试和维护要点以及常见故障的分析与排除方法。

本书编写着重基本概念和原理的阐述，突出理论联系实际，加强针对性和实用性；内容上深入浅出，图文并茂，注意引入新的技术内容，扩大适用面，旨在培养机械、机电类工程技术人员对液压传动与控制技术的全面了解和实际应用能力。

本书主要作为机械类、机电类工程技术人员学习和掌握液压技术的专业用书，可作为企业工程技术人员和高级技工的技术培训教材以及工科院校机械类和机电类专业师生的参考用书。

图书在版编目（CIP）数据

实用液压技术一本通/李鄂民编著.—3 版.—北京：
化学工业出版社，2020.5
ISBN 978-7-122-36178-3

Ⅰ.①实…　Ⅱ.①李…　Ⅲ.①液压技术-基本知识
Ⅳ.①TH137

中国版本图书馆 CIP 数据核字（2020）第 023506 号

责任编辑：黄　滢　　　　　　　　文字编辑：陈小滔　袁　宁
责任校对：栾尚元　　　　　　　　装帧设计：王晓宇

出版发行：化学工业出版社（北京市东城区青年湖南街 13 号　邮政编码 100011）
印　　装：三河市延风印装有限公司
710mm×1000mm　1/16　印张 14　字数 291 千字　2020 年 5 月北京第 3 版第 1 次印刷

购书咨询：010-64518888　　　　　　售后服务：010-64518899
网　　址：http://www.cip.com.cn
凡购买本书，如有缺损质量问题，本社销售中心负责调换。

定　　价：69.00 元　　　　　　　　　　　　　　　版权所有　违者必究

第三版前言

随着世界工业的快速发展，液压传动与控制已经成为服务于各行各业技术装备的集传动、控制和检测于一体的综合自动化技术。特别是随着新材料、新工艺和加工手段的日臻完善，液压元件的性能、可靠性以及使用寿命得到了显著提高，促使液压传动与控制技术的应用更加宽泛和普及。学习和掌握液压传动与控制技术已是当今机械、机电类工程技术人员的必需，本书正是应这种迫切要求而编写的实用型专业技术用书。

全书内容共 9 章，主要涉及液压传动的流体力学基础知识，液压元件的工作原理和结构特点，液压传动与控制基本回路的组成和典型系统分析，液压系统设计简介和安装、调试、维护保养要点，并对液压系统常见故障的分析与排除方法作了适当的介绍。

笔者长期从事流体传动与控制专业的教学工作，为企业做过液压技术讲座和液压技术培训，主持和参与多项科研与工程项目，为编写这本实用型技术用书积累了较丰富的经验和专业素材。

本书继续保持第二版的编写风格，在内容取舍上贯彻少而精、理论联系实际的基本原则。为体现实用的特点，流体力学基础知识部分以必需、够用为度。液压元件、基本回路和典型液压系统专业知识部分加强针对性和实用性，注重理论与实践的紧密结合，并在一定程度上反映了国内外液压传动与控制领域比较成熟的新技术和新成果。为方便广大读者朋友阅读和理解，本书在介绍液压元件工作原理时均配以简明易懂的结构原理图，对典型结构示例还配以常用新型的实际结构图。全书液压图形符号采用国家标准 GB/T 786.1—2009 绘制。各章均增加了不同类型的习题，多数习题给出了答案。

本书主要作为机械类、机电类工程技术人员学习和掌握液压技术的专业用书；可作为企业工程技术人员和高级技工的技术培训教材；也可作为高等工科院校、高等职业技术学院、高等专科学校、成人教育学院、夜大、函授大学的机械类和机电类专业的教学参考用书。

本书由兰州理工大学李鄂民编著。

由于笔者水平有限，书中难免存在不妥之处，恳切希望同仁和广大读者批评指正。

编著者

目录

第1章

绪　论

> 液压传动及控制是研究以有压流体为传动介质来实现各种机械的传动和控制的学科。液压传动是基于流体力学的帕斯卡原理，主要利用液体的压力能来进行能量传递和控制的传动方式，利用各种元件组成具有所需功能的基本回路，再由若干基本回路有机组合成传动和控制系统，从而实现能量的转换、传递和控制。因此，了解传动介质的基本物理性质及其力学特性，研究各类元件的结构、工作原理和性能，研究各种基本回路的性能和特点，并在此基础上形成对传动及控制系统的分析、设计和使用，这就是本学科的研究对象。

1.1　液压传动的工作原理

以图 1-1 所示的手动液压千斤顶为例，说明液压传动的工作原理。由大缸体 5 和大活塞 6 组成举升液压缸；由手动杠杆 4、小缸体 3、小活塞 2、进油单向阀 1 和排油单向阀 7 组成手动液压泵。

当手动杠杆摆动时，小活塞做上下往复运动。小活塞上移，泵腔内的容积扩大而形成真空，油箱中的油液在大气压力的作用下，经进油单向阀 1 进入泵腔内；小活塞下移，泵腔内的油液顶开排油单向阀 7 进入液压缸内使大活塞带动重物一起上升。反复上下扳动杠杆，重物就会逐步升起。手动泵停止工作，大活塞停止运动；打开截止阀 8，油液在重力的作用下排回油箱，大活塞落回原位。这就是液压千斤顶的工作原理。

下面以图 1-1 所示为例，分析两活塞之间的力关系、运动关系和功率关系，说明液压传动的基本特征。

(1) 力的关系

当大活塞上有重物负载时，其下腔的油液将产生一定的液体压力 p，即

$$p = G/A_2 \tag{1-1}$$

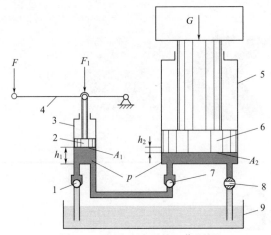

图 1-1　液压千斤顶的工作原理

1—进油单向阀；2—小活塞；3—小缸体；4—手动杠杆；5—大缸体；
6—大活塞；7—排油单向阀；8—截止阀；9—油箱

在千斤顶工作中，从小活塞到大活塞之间形成了密封的工作容积，依帕斯卡原理"在密闭容器内，施加于静止液体上的压力将以等值同时传到液体各点"，因此要顶起重物，在小活塞下腔就必须产生一个等值的压力 p，即小活塞上施加的力为

$$F_1 = pA_1 = \frac{A_1}{A_2}G \qquad (1-2)$$

可见在活塞面积 A_1、A_2 一定的情况下，液体压力 p 取决于举升的重物负载，而手动泵上的作用力 F_1 则取决于压力 p。所以，被举升的重物负载越大，液体压力 p 越高，手动泵上所需的作用力 F_1 也就越大；反之，如果空载工作，且不计摩擦力，则液体压力 p 和手动泵上的作用力 F_1 都为零。液压传动的这一特征，可以简略地表述为**"压力取决于负载"**。

(2) 运动关系

由于小活塞到大活塞之间为密封的工作容积，小活塞向下压出油液的体积必然等于大活塞向上升起缸体内扩大的体积，即 $A_1h_1 = A_2h_2$，两端同除以活塞移动时间 t 得

$$v_1A_1 = v_2A_2 \qquad (1-3)$$

或
$$v_2 = \frac{A_1}{A_2}v_1 = \frac{q}{A_2} \qquad (1-4)$$

其中 $q = v_1A_1 = v_2A_2$，表示单位时间内液体流过某截面的体积。由于活塞面积 A_1、A_2 已定，所以大活塞的移动速度 v_2 只取决于进入液压缸的流量 q。这样，进入液压缸的流量越多，大活塞的移动速度 v_2 也就越高。液压传动的这一特征，可以简略地表述为**"速度取决于流量"**。

这里需要着重指出，以上两个特征是独立存在的，互不影响。不管液压千斤顶

的负载如何变化，只要供给的流量一定，活塞推动负载上升的运动速度就一定；同样，不管液压缸的活塞移动速度怎样，只要负载一定，推动负载所需的液体压力就确定不变。

(3) 功率关系

若不考虑各种能量损失，手动泵的输入功率等于液压缸的输出功率，即

$$F_1 v_1 = W v_2$$

或 $$P = p A_1 v_1 = p A_2 v_2 = pq \qquad (1\text{-}5)$$

式中，$W = G$，为液压缸的推力。

可见，液压传动的功率 P 可以用液体压力 p 和流量 q 的乘积来表示，**压力 p 和流量 q 是液压传动中最基本、最重要的两个参数。**

上述千斤顶的工作过程，就是将手动机械能转换为液体压力能，又将液体压力能转换为机械能输出的过程。

综上所述，可归纳出：

💡 液压传动的基本特征是：以液体为工作介质，依靠处于密封工作容积内的液体压力能来传递能量；压力的高低取决于负载；负载速度的传递是按容积变化相等的原则进行的，速度的大小取决于流量；压力和流量是液压传动中最基本、最重要的两个参数。

1.2 液压传动系统的组成及类型

图 1-2 所示为一机床工作台的液压传动系统，它由液压泵、溢流阀、节流阀、换向阀、液压缸、油箱以及连接管道等组成。

其工作原理是液压泵 3 由电动机带动旋转，从油箱 1 经过滤器 2 吸油，液压泵排出的压力油先经节流阀 4 再经换向阀 6 (设换向阀手柄向右扳动，阀芯处于右端位置) 进入液压缸 7 的左腔，推动活塞和工作台 8 向右运动。液压缸右腔的油液经换向阀 6 和回油管道返回油箱。若换向阀的阀芯处于左端位置 (手柄向左扳动) 时，活塞及工作台反向运动。改变节流阀 4 的开口大小，可以改变进入液压缸的流量实现工作台运动速度的调节，多余的流量经溢流阀 5 和溢流管道排回油箱。液压缸的工作压力由活塞运动所克服的负载决定。液压泵的工作压力由溢流阀调定，其值略高于液压缸的工作压力。由于系统的最高工作压力不会超过溢流阀的调定值，所以溢流阀还对系统起到过载保护的作用。

图 1-2(a) 所示的液压系统工作原理图是半结构式的，其直观性强，易于理解，但绘制起来比较繁杂。图 1-2(b) 所示是用液压图形符号绘制成的工作原理图，其简单明了，便于绘制，图中的符号可参见液压气动图形符号标准 (GB/T 786.1—2009)。

由上例可见，液压传动系统由以下四部分组成。

❶ 动力元件，即液压泵，其功能是将原动机输出的机械能转换成液体的压力

Chapter 1
Chapter 2
Chapter 3
Chapter 4
Chapter 5
Chapter 6
Chapter 7
Chapter 8
Chapter 9

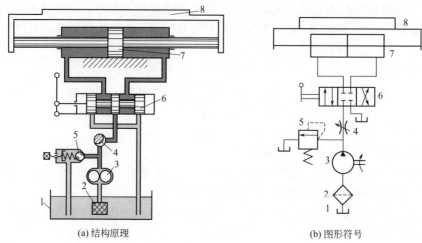

(a) 结构原理　　　　　　　　(b) 图形符号

图 1-2　机床工作台液压系统的工作原理

1—油箱；2—过滤器；3—液压泵；4—节流阀；5—溢流阀；

6—换向阀；7—液压缸；8—工作台

能，为系统提供动力。

❷ 执行元件，即液压缸、液压马达，它们的功能是将液体的压力能转换成机械能，以带动负载进行直线运动或旋转运动。

❸ 控制元件，即压力、流量和方向控制阀，它们的作用是控制和调节系统中液体的压力、流量和流动方向，以保证执行元件达到所要求的输出力（或力矩）、运动速度和运动方向。

❹ 辅助元件，保证系统正常工作所需要的各种辅助装置。包括管道、管接头、油箱、过滤器和指示仪表等。

1.3　液压传动的优缺点

液压传动主要有以下优点。

❶ 体积小、重量轻，单位重量输出的功率大。这是由于液压传动可以采用很高的压力（一般可达 32MPa，个别场合更高），因此具有体积小、重量轻的特点。如在同等功率下，液压马达的外形尺寸和重量为电动机的 12% 左右。在中、大功率以及实现直线往复运动时，这一优点尤为突出。

❷ 可在大范围内实现无级调速，且调节方便。调速范围一般可达 100∶1，甚至高达 2000∶1。

❸ 操纵控制方便，与电子技术结合更易于实现各种自动控制和远距离操纵。

❹ 由于体积小、重量轻，因而惯性小，响应速度快，启动、制动和换向迅速。如一个中等功率的电动机启动需要几秒钟，而液压马达只需 0.1s。

❺ 因执行元件的多样性（如液压缸、液压马达等）和各元件之间仅靠管路连接，采用液压传动使得机器的结构简化，布置灵活方便。

❻ 易于实现过载保护，安全性好；采用矿物油为工作介质，自润滑性好。

液压传动的主要缺点如下。

❶ 液压传动系统中存在的泄漏和油液的压缩性，影响了传动的准确性，不易实现定比传动。

❷ 由于油液的黏度随温度变化而变化，容易引起工作性能的变化，所以液压传动不宜在温度变化范围很大的场合工作。

❸ 由于受液体流动阻力和泄漏的影响，液压传动的效率还不高。

❹ 液压传动系统对油液的污染比较敏感，必须有良好的防护和过滤措施。

液压传动的优点是主要的，液压元件已标准化、系列化和通用化，便于系统的设计、制造和推广应用。因此液压传动在现代化的生产中有着广阔的发展前途和应用前景。

1.4　液压技术的发展及应用

液压技术从 1795 年英国制成世界上第一台水压机算起，已有二百多年的历史了，然而在工业上的真正推广使用却是 20 世纪中叶的事。第二次世界大战期间，在一些武器装备上用上了功率大、反应快、动作准的液压传动和控制装置，大大提高了武器装备的性能，也大大促进了液压技术本身的发展。战后，液压技术迅速由军事转入民用，在机械制造、工程机械、锻压机械、冶金机械、汽车、船舶等行业中得到了广泛的应用和发展。20 世纪 60 年代以后，原子能技术、空间技术、电子技术等的迅速发展，再次将液压技术向前推进，并在各个工业领域得到了更加广泛的应用。

现代液压技术与微电子技术、计算机技术、传感技术的紧密结合已形成并发展成为一种包括传动、控制、检测在内的自动化技术。当前，液压技术在实现高压、高速、大功率、经久耐用、高度集成化等各项要求方面都取得了重大的进展；在完善发展比例控制、伺服控制，开发数字控制技术上也有许多新成绩。同时，液压元件和液压系统的计算机辅助设计（CAD）和测试（CAT）、微机控制、机电液一体化（Hydromechatronics）、液电一体化（Fluitronics）、可靠性、污染控制、能耗控制、小型微型化等方面也是液压技术发展和研究的方向。而继续扩大应用服务领域，采用更先进的设计和制造技术，将使液压技术发展成为内涵更加丰富的完整的综合自动化技术。

目前，液压技术已广泛应用于各个工业领域的技术装备上，例如机械制造、工程、建筑、矿山、冶金、军用、船舶、石化、农林等机械，上至航空、航天工业，下达地矿、海洋开发工程，几乎无处不见液压技术的踪迹。液压技术的应用领域大致上可归纳为以下几个主要方面。

❶ 各种举升、搬运作业。尤其在行走机械和较大驱动功率的场合，液压传动已经成为一种主要方式。例如，从起重、装载等工程机械到消防、维修、搬运等特种车辆，船舶的起货机、起锚机，高炉、炼钢炉设备，船闸、舱门的启闭装置，剧场的升降乐池和升降舞台，各种自动输送线等。

Chapter 1
Chapter 2
Chapter 3
Chapter 4
Chapter 5
Chapter 6
Chapter 7
Chapter 8
Chapter 9

❷ 各种需要作用力大的推、挤、压、剪、切、挖掘等作业装置。在这些场合，液压传动已经具有垄断地位。例如，各种液压机，金属材料的压铸、成型、轧制、压延、拉伸、剪切设备，塑料注射成型机、塑料挤出机等化工机械，拖拉机、收割机以及其他砍伐、采掘用的农林机械，隧道、矿井和地面的挖掘设备，各种船舶的舵机等。

❸ 高响应、高精度的控制。例如，火炮的跟踪驱动、炮塔的稳定、舰艇的消摆、飞机和导弹的姿态控制等装置，加工机床高精度的定位系统，工业机器人的驱动和控制，金属板材压下、皮革切片的厚度控制，电站发电机的调速系统，高性能的振动台和试验机，多自由度的大型运动模拟器和娱乐设施等。

❹ 多种工作程序组合的自动操纵与控制。例如，组合机床、机械加工自动线等。

❺ 特殊工作场所。例如，地下、水下、防爆等特殊环境的作业装备。

习　题

1. 液压系统中的压力取决于（　　　），执行元件的运动速度取决于（　　　）。

2. 液压传动装置由（　　）、（　　）、（　　）和（　　）四部分组成，其中（　　）和（　　）为能量转换装置。

3. 何谓液压传动？

4. 液压传动与机械传动、电气传动相比有哪些优缺点？

5. 液压系统原理图中元件的表示方法有哪几种？为什么液压系统通常采用图形符号来表示？熟悉常用的液压图形符号。

第2章

液压传动基础知识

液压传动是以液体作为工作介质来进行能量传递的。因此，了解液体的基本物理、化学性质以及研究液体平衡和运动的力学规律，将有助于对液压传动基本原理的正确理解，同时这些内容也是液压系统设计、计算和合理使用的理论基础。

2.1 液体的性质

2.1.1 液体的密度

物体维持原有运动（或相对静止）状态的性质叫作惯性，表征惯性的物理量是质量，液体单位体积内的质量称为密度，以 ρ 表示

$$\rho = \frac{m}{V} \quad (\mathrm{kg/m^3}) \tag{2-1}$$

式中 m——液体的质量，kg；

V——液体的体积，$\mathrm{m^3}$。

液体的密度随压力和温度的变化而变化，即随压力的增加而加大，随温度的升高而减少。在一般情况下，由压力和温度引起的变化都比较小，在实用中油液的密度可近似地视为常数。

石油型液压油液的密度在 $900\mathrm{kg/m^3}$ 左右。

2.1.2 液体的可压缩性

液体受压力作用而发生体积变化的性质称为液体的可压缩性。液体压缩性的大小通常以体积压缩率 κ 来度量。它表示当温度不变时，在单位压强变化下液体体积的相对变化量，即

$$\kappa = -\frac{1}{\Delta p} \times \frac{\Delta V}{V} \quad (\text{m}^2/\text{N}) \tag{2-2}$$

式中　V——液体加压前的体积，m^3；

　　　ΔV——加压后液体体积变化量，m^3；

　　　Δp——液体压强变化量，Pa。

当压强增大时，液体体积总是减小，所以上式中加一负号以使压缩系数为正值。**液体的压缩率 κ 的倒数称为液体的体积弹性模量，以 K 表示**，其值为

$$K = \frac{1}{\kappa} \quad (\text{Pa}) \tag{2-3}$$

液压油的体积弹性模量为 $(1.4 \sim 1.9) \times 10^9\,\text{Pa}$。

对液压系统来讲，由于压力变化引起的液体体积变化很小，故一般可认为液体是不可压缩的。但在液体中混有空气时，其压缩性显著增加，并将影响系统的工作性能。在有动态特性要求或压力变化范围很大的高压系统中，应考虑液体压缩性的影响，并应严格排除液体中混入的气体。实际计算时液压油的体积弹性模量常选用 $(0.7 \sim 1.4) \times 10^9\,\text{N}/\text{m}^2$。

2.1.3　液体的黏性

(1) 黏性的意义

液体在外力作用下流动（或有流动趋势）时，液体分子间的内聚力要阻止分子间的相对运动而产生内摩擦力，液体的这种性质称为液体的黏性，它是液体的重要物理性质。液体只在流动（或有流动趋势）时才会呈现黏性，静止液体不呈现黏性。

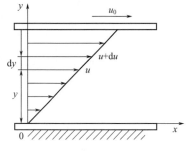

图 2-1　液体的黏性示意图

以图 2-1 所示为例，若两平行平板间充满液体，下平板固定，而上平板以 u_0 速度向右平动，由于液体的黏性作用，紧靠着下平板的液层速度为零，紧靠着上平板的液层速度为 u_0，而中间各液层速度则从上到下按递减规律呈线性分布。

实验测定指出，液体流动时相邻液层间的内摩擦力 F 与液层间接触面积 A 和液层间相对运动速度梯度 $\mathrm{d}u/\mathrm{d}y$ 成正比，即

$$F = \mu A \frac{\mathrm{d}u}{\mathrm{d}y} \tag{2-4}$$

式中　μ——比例常数，称为动力黏度。

在静止液体中，由于速度梯度 $\mathrm{d}u/\mathrm{d}y = 0$，内摩擦力为零，因此液体在静止状态时不呈现黏性。

上式称为牛顿的液体内摩擦定律。若以 τ 表示单位面积上的内摩擦力（即切应力）则式(2-4) 可写为

$$\tau = \mu \frac{\mathrm{d}u}{\mathrm{d}y} \tag{2-5}$$

(2) 液体的黏度

液体黏性的大小用黏度来表示。常用的黏度有三种，即动力黏度、运动黏度和相对黏度。

❶ 动力黏度　动力黏度又称绝对黏度，用 μ 表示，由式(2-4)、式(2-5) 可得

$$\mu = \frac{F}{A \frac{\mathrm{d}u}{\mathrm{d}y}} = \frac{\tau}{\frac{\mathrm{d}u}{\mathrm{d}y}} \tag{2-6}$$

由此可知动力黏度 μ 的物理意义是，当速度梯度 $\mathrm{d}u/\mathrm{d}y$ 等于 1（即单位速度梯度）时，流动液体内接触液层间单位面积上产生的内摩擦力。其法定计量单位为 Pa · s。

❷ 运动黏度　动力黏度 μ 与密度 ρ 的比值，称为运动黏度，用 ν 表示，即

$$\nu = \frac{\mu}{\rho} \tag{2-7}$$

运动黏度无明确的物理意义，它是液体力学分析和计算中常遇到的一个物理量。因其单位中只有长度与时间的量纲，故称为运动黏度。运动黏度的法定计量单位是 m^2/s，它与以前常用单位 cSt（厘斯）之间的关系是，$1\mathrm{m}^2/\mathrm{s} = 10^6\mathrm{cSt} = 10^6\mathrm{mm}^2/\mathrm{s}$。在工程中液体的黏度常用运动黏度来表示。

❸ 相对黏度　相对黏度又称条件黏度，它是采用特定的黏度计在规定的条件下测量出来的液体黏度。根据测量仪器和条件不同，各国采用的相对黏度的单位也不同，如美国采用赛氏黏度（SSU）；英国采用雷氏黏度（R）；而我国和其他欧洲国家采用恩氏黏度（°E）。

恩氏黏度用恩氏黏度计测定。将 200mL 温度为 $t(℃)$ 的被测液体装入黏度计内，使之由下部直径为 2.8mm 的小孔流出，测出液体流尽所需的时间 t_1；再测出 200mL 温度为 20℃ 的蒸馏水在同一黏度计中流尽所需的时间 t_2。这两个时间的比值即为被测液体在 $t℃$ 时的恩氏黏度，即

$$°\mathrm{E}_t = \frac{t_1}{t_2} \tag{2-8}$$

恩氏黏度与运动黏度的换算关系为

当 $1.35 < °\mathrm{E}_t \leqslant 3.2$ 时　$\nu = 8.0°\mathrm{E} - \frac{8.64}{°\mathrm{E}}$　$(\mathrm{mm}^2/\mathrm{s})$ \hfill (2-9)

当 $°\mathrm{E}_t > 3.2$ 时　　　　$\nu = 7.6°\mathrm{E} - \frac{4.0}{°\mathrm{E}}$　$(\mathrm{mm}^2/\mathrm{s})$ \hfill (2-10)

液体的黏度随其压力的变化而变化。对常用的液压油而言，压力增大时，黏度增大，但在一般液压系统使用的压力范围内，压力对黏度影响很小，可以忽略不计。当压力变化较大时，则需要考虑压力对黏度的影响。液体的黏度与压力的关系式为

Chapter 1

Chapter 2

Chapter 3

Chapter 4

Chapter 5

Chapter 6

Chapter 7

Chapter 8

Chapter 9

$$\nu_p = \nu_a(1 + 0.003p) \tag{2-11}$$

式中　ν_p——压力为 p 时液体的运动黏度；

　　　ν_a——压力为 1 个大气压时液体的运动黏度。

液体的黏度随其温度升高而降低。这种黏度随温度变化的特性称为黏温特性。
不同的液体，黏温特性也不同。在液压传动中，希望工作液体的黏度随温度变化越
小越好，因为黏度随温度的变化越小，对液压系统的性能影响也越小。液压油的黏
度与温度间的关系可以用经验公式计算，也可以从图表中直接查出。图 2-2 为普通
液压油的黏温特性曲线。

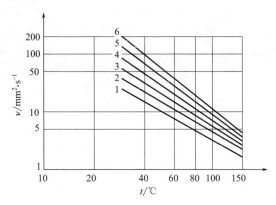

图 2-2　普通液压油黏温特性曲线

1—L-HL15；2—L-HL22；3—L-HL32；

4—L-HL46；5—L-HL68；6—L-HL100

2.1.4　液压油(液)的选用

(1) 液压油（液）的品种及牌号

液压油（液）的品种很多，主要可分为两种，即矿物油型液压油和难燃型液压
液。另外还有一些专用液压油。表 2-1 是我国液压油（液）品种分类。

表 2-1　液压油（液）品种分类

类别代号	L(润滑剂类)										
类型	矿物油型液压油							难燃型液压液			
品种代号	HH	HL	HM	HG	HR	HV	HS	HFAE	HFAS	HFB	HFC	HFDR
组成和特性	无抗氧剂的精制矿物油	精制矿物油并改善其防锈和抗氧性	HL油并改善其抗磨性	HM油并具有黏滑性	HL油并改善其黏温性	HM油并改善其黏温性	无特定难燃性的合成液	水包油乳化液	水的化学溶液	油包水乳化液	含聚合物水溶液	磷酸酯无水合成液

液压油（液）牌号是以黏度的大小来划分的。标称黏度等级是用40℃时的运动黏度中心值的近似值表示，单位为mm^2/s。我国已完成液压油（液）从旧牌号到新牌号的过渡，与国际标称牌号完全一致，液压油（液）新旧牌号对照见表2-2。

液压油（液）常用的黏度等级（或称牌号）为10～100号，主要集中在15～68号。

表2-2　液压油（液）新旧牌号对照　　　　　单位：mm^2/s

旧牌号(50℃)运动黏度等级	5	7	10	15	20	30	40	60	80
过渡牌号(40℃)运动黏度等级	N7	N10	N15	N22	N32	N46	N68	N100	N150
新牌号(40℃)运动黏度等级	7	10	15	22	32	46	68	100	150

液压油（液）代号示例：L-HM32

含义：L—润滑剂类；H—液压油（液）组；M—防锈、抗氧和抗磨型；32—黏度等级为$32mm^2/s$。

（2）液压油（液）的选择

选择液压油（液）时首先依据液压系统所处的工作环境、系统的工况条件（压力、温度和液压泵类型等）以及技术经济性（价格、使用寿命等），按照液压油（液）各品种的性能综合统筹确定选用的品种，可参见表2-3、表2-4；然后再根据系统的工作温度范围，参考液压泵的类型、工作压力等因素来确定黏度等级，可参见表2-5。

表2-3　各种液压油（液）的典型性能

性能＼品种	矿物油型液压油							难燃型液压液				
	HH	HL	HM	HG	HR	HV	HS	HFAE	HFAS	HFB	HFC	HFDR
密度/$g \cdot cm^{-3}$	～0.90	～0.90	～0.90	～0.90	～0.90	～0.90	～0.90	～1.0	～1.0	～1.0	～1.1	1.0～1.4
黏度	可选	可选	可选	可选	可选	可选	可选	低	低	高	可选	可选
黏温性能	良	良	良	好	好	良	好	差	差	良	优	差～良
低温性能	良	良	良	优	优	良	优	差	差	差	优	良～优
润滑和极压抗磨性	良	良	优	良	优	优	优	差	差	良	良	优
热氧化安定性	差	好	好	好	好	好	好	—	—	—	—	好
抗泡性	差	好	好	好	好	好	好	差	差	差	差	良
防锈性 液相	差	好	好	好	好	好	好	好	好	好	好	HFDR
防锈性 气相	差	良	良	良	良	良	良	差	差	差	差	良
抗燃性	差	差	差	差	差	差	差	优	优	好	好	好
过滤性	好	好	良	良	良	良	良～好	—	—	差	良	好
最高使用压力/MPa	7	7	35	7	35	35	35	7	7	14	14	35
最高使用温度/℃	80	100	100	80	80	100	100	50	50	65	65	100

Chapter 1
Chapter 2
Chapter 3
Chapter 4
Chapter 5
Chapter 6
Chapter 7
Chapter 8
Chapter 9

表 2-4　依据环境和工况条件选择液压油（液）品种

工况 环境	压力＜7MPa 温度＜50℃	压力 7～14MPa 温度＜50℃	压力 7～14MPa 温度 50～80℃	压力＞14MPa 温度 50～80℃
室内固定设备	HL	HL 或 HM	HM	HM
寒天、寒区或严寒区	HR	HV 或 HS	HV 或 HS	HV 或 HS
地下、水下	HL	HL 或 HM	HM	HM
高温热源、明火附近	HFAE 或 HFAS	HFB 或 HFC	HFDR	HFDR

表 2-5　按照工作温度范围和液压泵类型选用液
压油（液）品种和黏度等级

液压泵类型		运动黏度(40℃)/mm² · s⁻¹		适用品种和黏度等级
		系统工作温度 5～40℃	系统工作温度 40～80℃	
叶片泵	＜7MPa	30～50	40～75	HM 油，32、46、68
	＞7MPa	50～70	55～90	HM 油，46、68、100
齿轮泵		30～70	95～165	HL 油(中、高压用 HM 油)，32、46、68、100、150
轴向柱塞泵		40～75	70～150	HL 油(高压用 HM 油)，32、46、68、100、150
径向柱塞泵		30～80	65～240	HL 油(高压用 HM 油)，32、46、68、100、150

2.2　液体静力学基础

▶ 液体静力学是研究液体处于相对平衡状态下的力学规律和这些规律的实际应用。这里所说的相对平衡是指液体内部质点与质点之间没有相对位移，至于液体整体，可以是处于静止状态，也可以随同容器如刚体似的做各种运动。

2.2.1　液体的静压力及其性质

(1) 液体静压力

　　作用于液体上的力，有两种类型，一种是质量力，一种是表面力。前者作用于液体的所有质点上，如重力和惯性力等；后者作用于液体的表面上，如法向力和切向力等。表面力可以是其他物体（如容器等）作用在液体上的力，也可以是一部分液体作用于另一部分液体上的力。液体在相对平衡状态下不呈黏性，因此，静止液体内不存在切向剪应力，而只有法向的压应力，即静压力。

　　当液体相对静止时，液体内某点处单位面积上所受的法向力称为该点的静压力，它在物理学中称为压强，在液压传动中常称为压力，用 p 表示

$$p = \lim_{\Delta A \to 0} \frac{F}{\Delta A} \qquad (2\text{-}12)$$

式中　ΔA——液体内某点处的微小面积；

　　　　F——液体内某点处的微小面积上所受的法向力。

压力的法定计量单位为 Pa（帕斯卡）或 N/m^2。工程上通常采用 kPa（千帕）或 MPa（兆帕），$1MPa = 10^3 kPa = 10^6 Pa$。常用压力单位换算见表 2-6。

表 2-6　常用压力单位换算表

帕 （Pa）	巴 （bar）	公斤力/厘米^2 （kgf·cm^{-2}）	工程大气压 （at）	标准大气压 （atm）	毫米水柱 （mmH$_2$O）	毫米水银柱 （mmHg）
1×10^5	1	1.01972	1.01972	9.86923×10^{-1}	1.01972×10^4	7.50062×10^2

当液体受到外力的作用时，就形成液体的静压力，如图 2-3 所示。

(2) 液体静压力的特性

❶ 液体的静压力沿着内法线方向作用于承压面，如果压力不垂直于承受压力的平面，由于液体质点间内聚力很小，则液体将沿着这个力的切向分力方向做相对运动，这就破坏了液体的静止条件。所以静止液体只能承受法向压力，不能承受剪切力和拉力。

❷ 静止液体内任意点处的静压力在各个方向上都相等。如果在液体中某质点受到的各个方向的压力不等，那么该质点就会产生运动，这也就破坏了液体静止的条件。

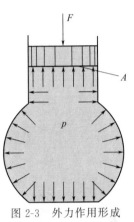

图 2-3　外力作用形成的液体静压力

2.2.2　液体静力学的基本方程

如图 2-4(a)、（b）所示，密度为 ρ 的液体在容器内处于静止状态，作用在液面上的压力为 p_0，若计算离液面深度为 h 处某点的压力 p，可以假想从液面向下取出高度为 h，底面积为 ΔA 的一个微小垂直液柱为研究对象。这个液柱在重力及周围液体的压力作用下处于平衡状态，所以有 $p \Delta A = p_0 \Delta A + \rho g h \Delta A$，因此得

$$p = p_0 + \rho g h \tag{2-13}$$

上式称为液体静力学基本方程。

由上式可知：

❶ 静止液体中任一点处的静压力是作用液面上的压力 p_0 和液体重力所产生的压力 $\rho g h$ 之和，当液面与大气接触时，p_0 为大气压力 p_a，故 $p = p_a + \rho g h$；

❷ 液体静压力随液深呈线性规律分布；

❸ 离液面深度相同的各点组成的面称为等压面，等压面为水平面。

如图 2-4(c) 所示，密封容器内压力为 p_0，取一基准平面 M—M 为相对高度的起始点，则距 M—M 平面 h 处 A 点的压力，按式(2-13) 可写成

$$p = p_0 + \rho g (h_0 - h)$$

或
$$\frac{p}{\rho}+gh=\frac{p_0}{\rho}+gh_0=常数 \qquad (2\text{-}14)$$

式中 gh——单位质量液体的位能；

$\dfrac{p}{\rho}$——单位质量液体的压力能。

上式的物理意义是，静止液体中任意一点的位能和压力能之和为一常数，压力能与位能可互为转换。

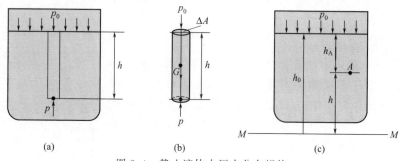

图 2-4 静止液体内压力分布规律

2.2.3 压力的传递

由静压力基本方程知，静止液体中任意一点的压力都包含了液面压力 p_0，这就是说，**在密闭容器中由外力作用在液面上的压力可以等值地传递到液体内部的所有各点，这就是帕斯卡原理，或称为静压力传递原理。**

在液压传动系统中，一般液压装置的安装都不高，通常由外力产生的压力要比由液体重力产生的压力 $\rho g h$ 大得多，若忽略它，便可认为系统中相对静止液体内各点压力均相等。

【例 2-1】 图 2-5 所示为相互连通的两个液压缸，已知大缸内径 $D=100\text{mm}$，小缸内径 $d=20\text{mm}$，大活塞上放一重物 $G=20000\text{N}$。问在小活塞上应加多大的力 F 才能使大活塞顶起重物？

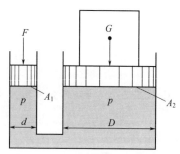

图 2-5 帕斯卡原理应用实例

解 根据帕斯卡原理，由外力产生的液体压力在两缸中相等，即

$$p=\frac{4F}{\pi d^2}=\frac{4G}{\pi D^2}$$

故顶起重物时在小活塞上应加的力为

$$F=\frac{d^2}{D^2}G=\frac{(20\text{mm})^2}{(100\text{mm})^2}\times 20000\text{N}=800\text{N}$$

由上例可知液压装置具有力的放大作用。液压千斤顶和液压压力机就是利用这个原理进行工作的。

若 $G=0$，$p=0$；重力 G 越大，液压缸中液体的压力也越大，推力也越大，这就说明了液压系统的工作压力决定于外负载。

2.2.4　绝对压力、相对压力、真空度

液体压力的表示方法有两种：一种是以绝对真空作为基准表示的压力，称为绝对压力；一种是以大气压力作为基准表示的压力，称为相对压力。由于大多数测压仪表所测得的压力都是相对压力。所以相对压力也称为表压力。绝对压力和相对压力的关系如下。

相对压力＝绝对压力－大气压力

当绝对压力小于大气压力时，比大气压力小的那部分数值称为真空度，即

真空度＝大气压力－绝对压力

绝对压力、相对压力和真空度的相对关系如图 2-6 所示。

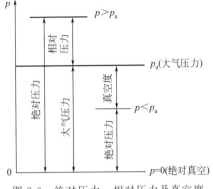

图 2-6　绝对压力、相对压力及真空度

2.2.5　液体作用在固体壁面上的力

液体与固体相接触时，固体壁面将受到液体压力的作用。在液压传动中，通常不考虑由液体自重产生的那部分压力，这样液体中各点的静压力可看作是均匀分布的。

(1) 平面

当壁面为平面时，在平面上各点所受到的液体静压力大小相等，方向垂直于平面。静止液体作用在平面上的力 F 等于液体的压力 p 与承压面积 A 的乘积，即

$$F = pA \tag{2-15}$$

(2) 曲面

当壁面为曲面时，在曲面上所受到的液体静压力大小相等，但其方向不平行。计算液体压力作用在曲面上的力，必须明确要计算的是哪一个方向上的力，设该力为 F_x，其值等于液体压力 p 与曲面在该方向投影面积 A_x 的乘积，即

$$F_x = pA_x \tag{2-16}$$

【例 2-2】　液压缸缸筒如图 2-7 所示，缸筒半径 r，长度为 l，缸筒内充满液压油，求液压油对缸筒右半壁内表面上的水平作用力。

解　如需求出液压油对缸筒右半壁内表面上的水平作用力 F_x 时，可

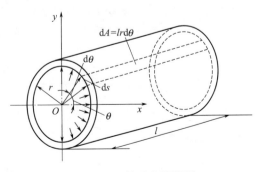

图 2-7　缸筒受力计算图

在缸筒上取一条微小窄条，宽为 ds，长为 l，其面积 $dA = lds = lrd\theta$，则液压油作用于这块面积上力 $dF = pdA$ 在水平方向的分力 dF_x 为

$$dF_x = dF\cos\theta = pdA\cos\theta = plr\cos\theta d\theta$$

由此得液压油对缸筒内壁在 x 方向的作用力为

$$F_x = \int_{-\frac{\pi}{2}}^{\frac{\pi}{2}} dF_x = \int_{-\frac{\pi}{2}}^{\frac{\pi}{2}} plr\cos\theta d\theta = 2plr = pA_x$$

式中 $2rl$ 为曲面在 x 轴方向的投影面积，即 $A_x = 2rl$。

2.3 液体动力学基础

液体动力学的主要内容是研究液体运动和引起运动的原因，即研究液体流动时流速和压力的变化规律。下面着重阐明流动液体的三个基本方程：连续性方程、能量方程、动量方程。这三个方程是液压传动中分析问题和设计计算的基础。

2.3.1 基本概念

(1) 理想液体和稳定流动

由于实际液体具有黏性和可压缩性，液体在外力作用下流动时有内摩擦力，压力变化又会使液体体积发生变化。这样就增加了分析和计算的难度。为分析问题方便起见，推导基本方程时先假设液体没有黏性且不可压缩，然后再根据实验结果，对这种液体的基本方程加以修正和补充，使之比较符合实际情况。**这种既无黏性又不可压缩的假想液体称为理想液体。而事实上既有黏性又可压缩的液体称为实际液体。**

液体流动时，如果液体中任一点处的压力、速度和密度都不随时间而变化，则液体的这种流动称为稳定流动；反之，若液体中任一点处的压力、速度和密度中有一个随时间而变化时，就称为非稳定流动。稳定流动与时间无关，研究比较方便。

(2) 流线、流束和通流截面

❶ 流线 某一瞬时，液流中一条条标志其各处质点运动状态的曲线。

流线的特征是，在流线上各点处的液流方向与该点的切线方向相重合；恒定流动时，流线形状不变；流线既不相交，也不转折，是一条条光滑的曲线。如图 2-8 所示。

❷ 流束 通过某一截面所有流线的集合。由于流线不能相交，所以流束内外的流线不能穿越流束的表面。

微小流束是指截面无限小的流束。

❸ 通流截面 流束中与所有流线正交的截面积，也称过流断面。如图 2-9 所

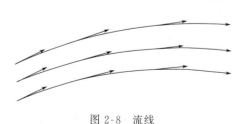

图 2-8 流线

示 A、B 面。

(3) 流量和平均流速

单位时间内流过某一过流断面的液体体积称为流量，用 q 表示，单位为 $\mathbf{m^3/s}$ 或 $\mathbf{L/min}$，两种单位的换算关系为 $1\mathrm{m^3/s}=6\times10^4\,\mathrm{L/min}$。

如图 2-10 所示，当液流通过微小过流断面 $\mathrm{d}A$ 时，液体在该断面上各点的速度 u 可以认为是相等的，故流过微小过流断面的流量为 $\mathrm{d}q=u\mathrm{d}A$，则流过整个过流断面的流量为 $q=\int_A u\mathrm{d}A$。由于实际液体都具有黏性，液体在管中流动时，在同一过流断面上各点的流速是不相同的，分布规律为抛物线，见图 2-10。计算时很不方便，因而引入平均流速的概念，即假设过流断面上各点的流速均匀分布。液体以平均流速 v 流过某过流断面的流量等于以实际流速 u 流过该断面的流量，即

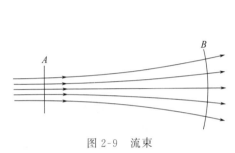

图 2-9　流束　　　　　　　　　图 2-10　流量和平均流速

$$q=\int_A u\mathrm{d}A=vA \qquad (2\text{-}17)$$

所以过流断面上的平均流速为

$$v=\frac{q}{A} \qquad (2\text{-}18)$$

◤ 在实际工程中：

💡 平均流速才具有应用价值。液压缸工作时，活塞运动的速度就等于缸内液体的平均流速。可以根据上式建立起活塞运动速度与液压缸有效面积和流量之间的关系。活塞运动速度的大小，由输入液压缸的流量来决定。

2.3.2　连续性方程

连续性方程是质量守恒定律在流体力学中的一种表达形式。设液体在图 2-11 所示的管道中做稳定流动，若任取两个过流断面 1、2，其截面积分别为 A_1 和 A_2，此两断面上的液体密度和平均流速分别为 ρ_1、v_1 和 ρ_2、v_2。根据质量守恒定律，在同一时间内流过两个断

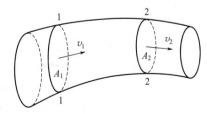

图 2-11　液流的连续性原理

面的液体质量相等，即 $\rho_1 v_1 A_1 = \rho_2 v_2 A_2$；当忽略液体的可压缩性时，$\rho_1 = \rho_2$，得

$$v_1 A_1 = v_2 A_2 \tag{2-19}$$

或写成

$$q = Av = 常数$$

这就是液流的连续性方程。

↘ **它表明：**

　! 　不可压缩液体在管中流动时，流过各个过流断面的流量是相等的（即流量是连续的），因而流速和过流断面的面积成反比。管径粗流速低，管径细流速快。

2.3.3　能量方程

能量方程是能量守恒定律在流体力学中的一种表达形式。

上面我们根据液体连续性条件，应用质量守恒定律建立了液体运动的连续性方程。它是液体动力学的基本方程之一，是一个运动学方程。**下面从动力学的角度，即根据液体在运动中所受的力与流动参数之间的关系，来推导液体动力学的另一个基本方程——能量方程，又称伯努利方程。**

众所周知，自然界的一切物质总是不停地运动着，其所具有的能量保持不变，既不能消灭，也不能创造，只能从一种形式转换成另一种形式。这就是能量守恒与转换定律。液体的运动当然完全遵守这一规律，其所具有的势能和动能这两机械能之间，以及机械能与其他形式能量之间，在运动中可以互相转换，但总能量保持不变。伯努利方程就是这一规律的具体表现形式。

(1) 理想液体伯努利方程

伯努利方程是在一定条件下推导出来的，这些条件是，液体为理想液体、其流动为稳定流动、作用在液体上的质量力只有重力。

设理想液体在管道中作稳定流动，取一微小流束，在该流束上任意取两个过流断面 1-1 和 2-2。设 1-1 和 2-2 的过流面积分别为 $\mathrm{d}A_1$ 和 $\mathrm{d}A_2$，过流断面上的流速为 u_1 和 u_2，压力为 p_1 和 p_2，位置高（即形心距水平基准面 0-0 的距离）为 h_1 和 h_2，液体密度为 ρ，如图 2-12 所示。现在来讨论过流断面 1-1 和 2-2 之间的液体段的流动情况。

经过时间 $\mathrm{d}t$ 后，断面 1-1 上液体位移为 $\mathrm{d}l_1 = u_1 \mathrm{d}t$，断面 2-2 上液体位移为 $\mathrm{d}l_2 = u_2 \mathrm{d}t$，即断面 1-1 和 2-2 之间的液体段移动到新的断面 1'-1' 和 2'-2' 位置。在流动过程中，外力对此段液体做了功，此液体段的动能也随之发生了相应的变化。下面就来分析这种变化，并用功能原理导出能量方程式。

❶ 作用在微小流束液体段上所有外力做的功　作用于微小流束液体段上的外力有重力和压力。

微小流束液体段上的重力所做的功等于液体段位置势能的变化。由于 1'-2 液体段的位置、形状在 $\mathrm{d}t$ 时间内不发生变化，故其位置势能不变，即 1'-2 段重力做

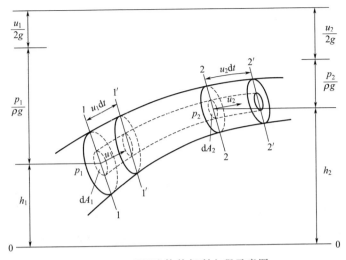

图 2-12　理想液体伯努利方程示意图

功为零。于是整个液体段上的重力做功就等于液体段 1-1′的位置势能与 2-2′段的位置势能之差，即

$$dW_G = dm_1 gh_1 - dm_2 gh_2 = \rho dq_1 dt gh_1 - \rho dq_2 dt gh_2$$

由连续性方程可知，$dq_1 = dq_2 = dq$，所以上式可写成

$$dW_G = \rho g (h_1 - h_2) dq dt$$

由于作用在微小流束液体段侧表面上的压力垂直于液体段的流动方向，故不做功，作用于 1-1 断面上的总压力 $p_1 dA_1$，方向与流向一致，做功为正，大小为 $p_1 dA_1 u_1 dt$；作用于 2-2 断面上的总压力为 $p_2 dA_2$，方向与流向相反，做功为负，大小为 $p_2 dA_2 u_2 dt$。因此，作用于整个液体段上的总压力所做的功为

$$dW_P = p_1 dA_1 u_1 dt - p_2 dA_2 u_2 dt = p_1 dq_1 dt - p_2 dq_2 dt = (p_1 - p_2) dq dt$$

❷ 动能的变化　微小流束液体段经过 dt 时间从位置 1-2 移到位置 1′-2′后，其动能的变化量应为 1′-2′段的动能减去 1-2 段的动能。由于 1′-2′段位置和形状不随时间变化，流速也不改变，所以 1′-2′段上的动能在 dt 时间内未发生改变。这样，微小流束液体段经过 dt 时间动能的改变量 dE_k 就应等于 2-2′段的动能与 1-1′段的动能之差，即

$$dE_K = \frac{1}{2} dm_2 u_2^2 - \frac{1}{2} dm_1 u_1^2 = \frac{1}{2} \rho dq_2 dt u_2^2 - \frac{1}{2} \rho dq_1 u_1^2 = \frac{1}{2} \rho dq dt (u_2^2 - u_1^2)$$

根据功能原理，有

$$dW_G + dW_P = dE_K$$

$$\rho g (h_1 - h_2) dq dt + (p_1 - p_2) dq dt = \frac{1}{2} \rho dq dt (u_2^2 - u_1^2)$$

上式等号两边同除以微小流束流体段的质量 $dm = \rho dq dt$，整理后得

$$\frac{p_1}{\rho}+gh_1+\frac{u_1^2}{2}=\frac{p_2}{\rho}+gh_2+\frac{u_2^2}{2} \tag{2-20}$$

或写成

$$\frac{p_1}{\rho g}+h_1+\frac{u_1^2}{2g}=\frac{p_2}{\rho g}+h_2+\frac{u_2^2}{2g}$$

式中　$\dfrac{p}{\rho}$——单位质量液体的压力能；

　　　gh——单位质量液体的位能；

　　　$\dfrac{u^2}{2}$——单位质量液体的动能。

↘ 上式称为单位质量理想液体的伯努利方程。其物理意义是：

在密闭管道内做稳定流动的理想液体具有三种形式的能量（压力能、位能、动能），在沿管道流动过程中三种能量之间可以互相转化，但在任一截面处，三种能量的总和为一常数。它反映了运动液体的位置高度、压力与流速之间的相互关系。

(2) 实际液体伯努利方程

实际液体在管道中流动时，由于液体有黏性，会产生内摩擦力，因而造成能量损失。另外由于实际流速在管道过流断面上分布是不均匀的，若用平均流速 v 来代替实际流速 u 计算动能时，必然会产生偏差，必须引入动能修正系数 α。因此，实际液体的伯努利方程为

$$\frac{p_1}{\rho}+gh_1+\frac{\alpha_1 v_1^2}{2}=\frac{p_2}{\rho}+gh_2+\frac{\alpha_2 v_2^2}{2}+gh_w \tag{2-21}$$

或写成

$$\frac{p_1}{\rho g}+h_1+\frac{\alpha_1 v_1^2}{2g}=\frac{p_2}{\rho g}+h_2+\frac{\alpha_2 v_2^2}{2g}+h_w$$

式中　gh_w——单位质量液体的能量损失；

　　　α_1、α_2——动能修正系数，一般在紊流时取 1，层流时取 2。

↘ 利用这个方程：

可以推导出许多适用于各种不同情况下的液体流动的计算公式，并解决许多实际工程问题。

【例 2-3】 液压泵装置如图 2-13(a) 所示，试分析液压泵的吸油过程。

解　设以油箱液面基准面为 1-1 截面，泵的进油口处管道截面为 2-2 截面，流速为 v_2、压力为 p_2、泵的吸油高度为 H，按伯努利方程

$$\frac{p_1}{\rho}+gh_1+\frac{\alpha_1 v_1^2}{2}=\frac{p_2}{\rho}+gh_2+\frac{\alpha_2 v_2^2}{2}+gh_w$$

式中 $p_1=p_a$、$h_1=0$、$v_1\approx0$、$h_2=H$，代入上式整理后得

$$p_a-p_2=\rho\frac{\alpha_2 v_2^2}{2}+\rho gH+\rho gh_w$$

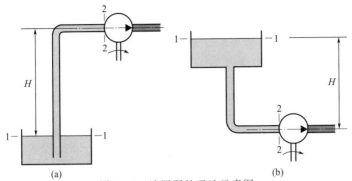

图 2-13　液压泵的吸油示意图

因为 p_2 是泵进口处的绝对压力，故 p_a-p_2 为泵的进油口处的真空度。由上式可知，泵吸油口处的真空度由三部分组成，即 $\rho\alpha_2v_2^2/2$、ρgH 和 ρgh_w。当泵安装高度高于液面时，如图 2-13(a) 所示，即 $H>0$，则 $\rho\alpha_2v_2^2/2+\rho gH+\rho gh_w>0$，即 $p_2<p_a$，此时，泵的进口处绝对压力小于大气压力，形成真空，借助于大气压力将油压入泵内。当泵的安装高度在液面之下，如图 2-13(b) 所示，那么 H 变为负值，而当 $|H|>\alpha_2v_2^2/2g+h_w$ 时，泵进油口不形成真空，油自行灌入泵内。

由上述情况分析可知，泵的吸油高度越小，泵越易吸油，在一般情况下，为便于安装和维修，泵多安装在油箱液面以上，依靠进口处形成的真空度来吸油。但工作时真空度也不能太大，因 p_2 低于油液的空气分离压时，空气就要析出，形成气穴现象，产生噪声和振动，影响液压泵和系统的工作性能。

为使真空度不至过大应减小 v_2、H 和 h_w。一般采用较大吸油管径，减小管路长度以减少液体流动速度和压力损失，限制泵的安装高度，一般 $H<0.5\mathrm{m}$。

2.3.4 动量方程

↘ 提示：

💡 **动量方程是动量定理在流体力学中具体应用。它是用来分析计算液流作用在固体壁面上作用力的大小的。**

动量定理指出，作用在物体上的外力等于物体在单位时间内的动量变化量，即

$$\sum F=\frac{mu_2}{\Delta t}-\frac{mu_1}{\Delta t} \tag{2-22}$$

将 $m=\rho V$ 和 $\dfrac{V}{\Delta t}=q$ 代入上式得为

$$\sum F=\rho qu_2-\rho qu_1=\rho q\beta_2v_2-\rho q\beta_1v_1 \tag{2-23}$$

上式即为流动液体的动量方程，式中 β_1、β_2 为以平均流速 v 替代实际流速 u 的动量修正系数，紊流时取 1，层流时取 1.33。

上式为矢量方程，使用时应根据具体情况将式中的各个矢量分解为所需研究方向的投影值，再列出该方向上的动量方程，如在 x 向的动量方程可写成

$$\sum F_x = \rho q(\beta_2 v_{2x} - \beta_1 v_{1x}) \tag{2-24}$$

工程上往往求液流对通道固体壁面的作用力，即动量方程中 $\sum F$ 的反作用力 F'，通常称稳态液动力，在 x 方向的稳态液动力为

$$F'_x = -\sum F_x = -\rho q(\beta_2 v_{2x} - \beta_1 v_{1x}) \tag{2-25}$$

【例 2-4】 求图 2-14 中滑阀阀芯所受的轴向稳态液动力。

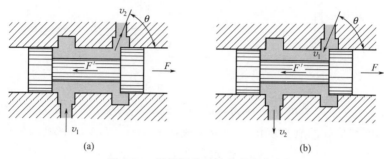

图 2-14 滑阀阀芯上的稳态液动力

解 取进、出口之间的液体体积为控制液体，在图 2-14(a) 所示状态下，按式 (2-24) 列出滑阀轴线方向的动量方程，求得作用在控制液体上的力 F 为

$$F = \rho q(\beta_2 v_2 \cos\theta - \beta_1 v_1 \cos90°) = \rho q \beta_2 v_2 \cos\theta \quad (\text{方向向右})$$

滑阀阀芯上所受的稳态液动力为

$$F' = -F = -\rho q \beta_2 v_2 \cos\theta \quad (\text{方向向左，与 } v_2 \cos\theta \text{ 的方向相反})$$

在图 2-14(b) 所示状态下，滑阀在轴线方向的动量方程为

$$F = \rho q(\beta_2 v_2 \cos90° - \beta_1 v_1 \cos\theta) = -\rho q \beta_1 v_1 \cos\theta \quad (\text{方向向右})$$

滑阀阀芯上所受的稳态液动力为

$$F' = -F = \rho q \beta_1 v_1 \cos\theta \quad (\text{方向向左，与 } v_1 \cos\theta \text{ 的方向相同})$$

↘ 由以上分析可知：

💡 在上述两种情况下，阀芯上所受稳态液动力都有使滑阀阀口关闭的趋势，流量越大，流速越高，则稳态液动力越大。操纵滑阀开启所需的力也将增大，所以对大流量的换向阀要求采用液动控制或电-液动控制。

2.4 管道内的压力损失

由于实际液体具有黏性，加上流体在流动时的相互撞击和产生旋涡等，必然会有阻力产生，为了克服这些阻力就将造成能量损失。这种能量损失可由液体的压力损失来表示。压力损失可以分为两类，一类是液体在直径不变的直管道中流过一定距离后，因摩擦力而产生的沿程压力损失；另一类是由于管道截面形状突然变化、液流方向改变及其他形式的液流阻力所引起的局部压力损失。

液体在管路中流动时的压力损失和液体的运动状态有关，下面先叙述液体流动时所呈现的两种状态，然后再分别叙述两类压力损失。

2.4.1 层流、紊流和雷诺数

液体的流动有两种状态，即层流和紊流。两种流动状态的物理现象可以通过雷诺实验来观察。

实验装置如图 2-15 所示，水箱 4 由进水管不断供水，多余的液体从隔板 1 上端溢走，而保持水位恒定。水箱下部装有玻璃管 6，出口处用开关 7 控制管内液体的流速。水杯 2 内盛有红颜色的水，将开关 3 打开后红色水经细导管 5 流入水平玻璃管 6 中。打开开关 7，开始时液体流速较小，红色水在玻璃管 6 中呈一条明显的直线，与玻璃管 6 中清水流互不混杂。这说明管中水是分层流动的，层和层之间互不干扰，液体的这种流动状态为层流。当逐步开大开关 7，使管 6 中的流速逐渐增大到一定流速时，可以看到红线开始呈波纹状，此时为过渡阶段。开关 7 再开大时，流速进一步加大，红色水流和清水完全混合，红线便完全消失，这种流动状态称为紊流。在紊流状态下，若将开关 7 逐步关小，当流速减小至一定值时，红线又出现，水流又重新恢复为层流。

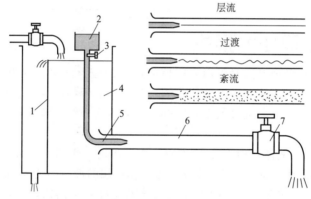

图 2-15 雷诺实验装置

1—隔板；2—水杯；3—开关；4—水箱；
5—细导管；6—玻璃管；7—开关

液体流动呈现出流态是层流还是紊流，可利用雷诺数来判别。

实验证明，液体在管中的流动状态不仅与管内液体的平均流速 v 有关，还与管道水力直径 d_H 及液体的运动黏度 ν 有关，而上述三个因数所组成的无量纲数就是雷诺数，用 Re 表示

$$Re = \frac{v d_H}{\nu}$$

式中水力直径 d_H 可由 $d_H = 4A/x$ 求得，A 为过流断面的面积，x 为湿周长度（在过流断面处与液体相接触的固体壁面的周长），比如圆管的水力直径 $d_H = 4\dfrac{\pi d^2}{4\pi d} = d$。

提示：

💡 水力直径的大小对通流能力的影响很大，水力直径大，意味着液流和管壁的接触周长短，管壁对液流的阻力小，通流能力大。

在各种管道的过流断面中，圆管的水力直径最大。

实验指出，液体从层流变为紊流时的雷诺数大于由紊流变为层流时的雷诺数，前者称上临界雷诺数，后者称下临界雷诺数。工程中是以下临界雷诺数 Re_c 作为液流状态的判断依据，若 $Re < Re_c$ 液流为层流；$Re \geqslant Re_c$ 液流为紊流。常见管道的液流的临界雷诺数，见表 2-7。

表 2-7 常见管道的液流的临界雷诺数

管道的形状	临界雷诺数 Re_c	管道的形状	临界雷诺数 Re_c
光滑的金属圆管	2300	带沉割槽的同心环状缝隙	700
橡胶软管	1600~2000	带沉割槽的偏心环状缝隙	400
光滑的同心环状缝隙	1100	圆柱形滑阀阀口	260
光滑的偏心环状缝隙	1000	锥阀阀口	20~100

2.4.2 沿程压力损失

液体在等径直管中流动时因内外摩擦而产生的压力损失，称为沿程压力损失。它主要决定于液体的流速、黏性和管路的长度以及油管的内径等。对于不同状态的液流，流经直管时的压力损失是不相同的。下面主要介绍液流为层流状态的压力损失。

图 2-16 所示，液体在内直径为 d 的管道中运动，流态为层流。在液流中取一微小圆柱体，其内半径为 r，长度为 l，圆柱体左端的液压力为 p_1，右端的液压力为 p_2。由于液体有黏性，在不同半径处液体的速度是不同的，其速度的分布如图 2-16 中所示。液层间的摩擦力则可按式（2-4）计算。现对液流的速度分布、通过管道的流量及压力损失分析如下。

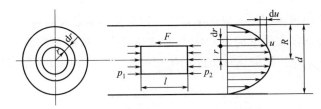

图 2-16 圆管中液流做层流运动

(1) 流速的分布规律

由图 2-16 可知，微小液柱上所受的作用力的平衡方程式为

$$(p_1 - p_2)\pi r^2 = -\mu \frac{\mathrm{d}u}{\mathrm{d}r} 2\pi lr$$

整理得
$$\frac{\mathrm{d}u}{\mathrm{d}r} = \frac{-(p_1 - p_2)}{2\mu l}r$$

式中负号表示流速 u 随 r 的增加而减小。

对上式进行积分得

$$u = -\frac{p_1 - p_2}{4\mu l}r^2 + C$$

由边界条件知，$r = R$ 时，$u = 0$，则积分常数 $C = \frac{p_1 - p_2}{4\mu l}R^2$，将 C 代入上式得

$$u = \frac{p_1 - p_2}{4\mu l}(R^2 - r^2) \tag{2-26}$$

上式表明：

液体在直管中做层流运动时，速度对称于圆管中心线并按抛物线规律分布。

当 $r = 0$ 时，流速为最大，其值为 $u_{\max} = \frac{(p_1 - p_2)R^2}{4\mu l}$。

(2) 通过管道的流量

如图 2-16 所示，在管道中取微小圆环过流断面，通过此断面的微小流量为 $\mathrm{d}q = u\,\mathrm{d}A = 2r\pi u\,\mathrm{d}r$，所以通过管道的流量

$$q = \int_A u\,\mathrm{d}A = \int_0^R \frac{p_1 - p_2}{4\mu l}(R^2 - r^2)2\pi r\,\mathrm{d}r = \frac{\pi R^4(p_1 - p_2)}{8\mu l} = \frac{\pi d^4}{128\mu l}\Delta p \tag{2-27}$$

(3) 管道内的平均流速

$$v = \frac{q}{A} = \frac{1}{\frac{\pi d^2}{4}} \times \frac{\pi d^4}{128\mu l}\Delta p = \frac{d^2}{32\mu l}\Delta p \tag{2-28}$$

(4) 沿程压力损失

由上式整理后得沿程压力损失为 $\Delta p_\lambda = \frac{32\mu l v}{d^2}$，可见当直管中液流为层流时，其压力损失与管长、流速和液体黏度成正比，而与管径的平方成反比。上式适当变换后，沿程压力损失公式可改写为

$$\Delta p_\lambda = \frac{64\nu}{vd} \times \frac{l}{d} \times \frac{\rho v^2}{2} = \frac{64}{Re} \times \frac{l}{d} \times \frac{\rho v^2}{2} = \lambda \frac{l}{d} \times \frac{\rho v^2}{2} \tag{2-29}$$

式中　v——液流的平均流速；

　　　ρ——液体的密度；

　　　λ——沿程阻力系数。

它可适用于层流和紊流，只是 λ 选取的数值不同。对于圆管层流，理论值 $\lambda = 64/Re$，考虑到实际圆管截面可能有变形以及靠近管壁处的液层可能冷却，阻力略有加大，实际计算时对金属管应取 $\lambda = 75/Re$，橡胶管取 $\lambda = 80/Re$。紊流时，当

Chapter 1
Chapter 2
Chapter 3
Chapter 4
Chapter 5
Chapter 6
Chapter 7
Chapter 8
Chapter 9

$2.3 \times 10^3 < Re < 10^5$ 时，可取 $\lambda \approx 0.3164 Re^{-0.25}$。因而计算沿程压力损失时，先判断流态，取得正确的沿程阻力系数 λ 值，然后再按式(2-29)进行计算。

2.4.3 局部压力损失

液体流经管道的弯头、接头、突变截面以及阀口，致使流速的方向和大小发生剧烈变化，形成旋涡、脱流，因而使液体质点相互撞击，造成能量损失，这种能量损失表现为局部压力损失。由于流动状况极为复杂，影响因素较多，局部压力损失的阻力系数，一般要依靠实验来确定。局部压力损失计算公式为

$$\Delta p_\zeta = \zeta \frac{\rho v^2}{2} \qquad (2\text{-}30)$$

式中，ζ 为局部阻力系数，一般由实验求得，具体数值可查有关手册。

液体流过各种液压阀的局部压力损失常用下列经验公式计算。

$$\Delta p_v = \Delta p_n \left(\frac{q}{q_n}\right)^2 \qquad (2\text{-}31)$$

式中 　q_n——阀的额定流量；

　　Δp_n——阀在额定流量下的压力损失（从液压阀的样本手册查）；

　　q——通过阀的实际流量。

2.4.4 管道系统中的总压力损失

管路系统中总的压力损失等于所有沿程压力损失和所有局部压力损失之和，即

$$\sum \Delta p = \sum \Delta p_\lambda + \sum \Delta p_\zeta + \sum \Delta p_v$$

↘ 提示：

！ 液压传动中压力损失，绝大部分转变为热能造成油温升高，泄漏增多，使液压传动效率降低，甚至影响系统工作性能。所以应尽量减少压力损失。布置管路时尽量缩短管道长度，减少管路弯曲和截面的突然变化，管内壁力求光滑，选用合理管径，采用较低流速，以提高系统效率。

2.5 液体流经小孔和间隙的流量

▶ 液压传动中常利用液体流经阀的小孔或间隙来控制其流量和压力，达到调速和调压的目的。液压元件的泄漏也属于缝隙流动。因而讨论小孔和间隙的流量计算，了解其影响因素对于正确分析液压元件和系统的工作性能是很有必要的。

2.5.1 液体流经小孔的流量

当管路长度 l 和圆管内径 d 之比（长径比）$l/d \leqslant 0.5$ 时，称为薄壁小孔；当 $l/d > 4$ 时，称为细长孔；当 $0.5 < l/d \leqslant 4$ 时，称为短孔。

(1) 流经薄壁小孔的流量

图 2-17 所示为液体流过薄壁小孔的情况，当液体从薄壁小孔流出时，左边大直径处的液体均向小孔汇集，在惯性力的作用下，在小孔出口处的液流由于流线不能突然改变方向，通过孔口后会发生收缩现象，而后再开始扩散。通过收缩和扩散过程，会造成很大的能量损失。现取孔前断面 1-1 和收缩的断面 $C—C$，然后列伯努利方程，由于高度 h 相等，断面 1-1 比断面 $C—C$ 大很多，则 $v_1 \ll v_C$，于是 v_1 很小可忽略不计，并设动能修正系数 $\alpha = 1$，则有

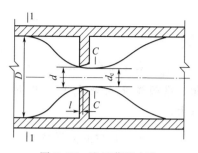

图 2-17　流经薄壁小孔的流量计算图

$$p_1 = p_C + \frac{\rho v_C^2}{2} + \zeta \frac{\rho v_C^2}{2}$$

将上式整理后得

$$v_C = \frac{1}{\sqrt{1+\zeta}} \sqrt{\frac{2}{\rho}(p_1 - p_C)} = C_v \sqrt{\frac{2}{\rho} \Delta p} \tag{2-32}$$

式中　C_v——速度系数，$C_v = \dfrac{1}{\sqrt{1+\zeta}}$；

　　　ζ——收缩断面处的局部阻力系数；

　　　Δp——小孔前后压力差，$\Delta p = p_1 - p_C$。

由此可得通过薄壁小孔的流量公式为

$$q = v_C A_C = C_v C_C A \sqrt{\frac{2}{\rho} \Delta p} = C_q A \sqrt{\frac{2}{\rho} \Delta p} \tag{2-33}$$

式中　C_q——流量系数，$C_q = C_v C_C$，当液流为完全收缩（$D/d > 7$）时，C_q 为 0.60~0.62；当为不完全收缩时，C_q 为 0.7~0.8；

　　　C_C——收缩系数，$C_C = A_C / A$；

　　　A_C——收缩完成处的断面积；

　　　A——过流小孔断面积。

↘ 由上式可知：

💡 流经薄壁小孔的流量与压力差 Δp 的平方根成正比，因孔短，其摩擦阻力的作用小，流量受温度和黏度变化的影响小，流量比较稳定，故薄壁小孔常作节流孔用。

(2) 流经细长小孔的流量

流经细长小孔的液流，由于黏性而流动不畅，一般都是层流状态，可以直接利用圆管层流的流量公式(2-27)，得出具有一定长度的细长小孔流量公式

$$q = \frac{\pi d^4}{128 \mu l} \Delta p$$

↘ 可见：

💡 流经细长小孔的流量与液体的黏度有关，当温度变化时，液体的黏度变化，因而流量也随之发生变化。 所以流经细长小孔的流量受温度的影响比较大。

各种小孔孔口的流量特性，可归纳为如下通用公式。

$$q = KA\Delta p^m \tag{2-34}$$

式中　K——由孔的形状、尺寸和液体性质决定的系数，对薄壁孔 $K = C_q \sqrt{2/\rho}$，

对细长孔 $K = d^2/(32\mu l)$；

m——由孔的长径比决定的指数，薄壁小孔 $m = 0.5$，细长孔 $m = 1$，短孔 $m = 0.5 \sim 1$。

小孔孔口流量通用公式常用于分析液压阀孔口的流量-压力特性。

2.5.2 液体流经间隙的流量

液压元件内各零件间要保证相对运动，就必须有适当的间隙，间隙大小对液压元件和系统的性能影响极大，间隙太小会使零件卡死，间隙过大，会造成泄漏，使元件和系统效率降低。产生泄漏的原因有两个，一是间隙两端的压力差引起压差流动；二是组成间隙的两配合面有相对运动引起的剪切流动。这两种流动有时单独存在，有时同时存在。

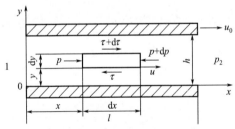

图 2-18 经固定平行平板间隙的流动

(1) 流经平行平板间隙的流量

图 2-18 所示为液体通过两平行平板间的流动，其间隙为 h，宽度为 b，长度为 l，两端的压力是 p_1 和 p_2；下平板固定，上平板以速度 u_0 运动。从间隙中取出一个微小的平行六面体，平行于三个坐标方向的长度分别为 $\mathrm{d}x$、$\mathrm{d}y$、b。这微小六面体在 x 方向所受的作用力有 p 和 $p + \mathrm{d}p$，以及作用在六面体上、下表面上的摩擦力 τ 和 $\tau + \mathrm{d}\tau$，其受力平衡方程式为

$$p\,\mathrm{d}y b - (p + \mathrm{d}p)\mathrm{d}y b - \tau \mathrm{d}x b + (\tau + \mathrm{d}\tau)\mathrm{d}x b = 0$$

整理后得

$$\frac{\mathrm{d}\tau}{\mathrm{d}y} = \frac{\mathrm{d}p}{\mathrm{d}x}$$

由于 $\tau = \mu \dfrac{\mathrm{d}u}{\mathrm{d}y}$，则上式变为

$$\frac{\mathrm{d}^2 u}{\mathrm{d}y^2} = \frac{1}{\mu} \times \frac{\mathrm{d}p}{\mathrm{d}x}$$

将上式对 y 两次积分得

$$u = \frac{1}{2\mu} \times \frac{\mathrm{d}p}{\mathrm{d}x} y^2 + C_1 y + C_2 \qquad (2\text{-}35)$$

式中 C_1，C_2 为由边界条件所确定的积分常数。当 $y = 0$ 时，$u = 0$，当 $y = h$ 时，$u = u_0$，分别代入上式，得 $C_1 = -\dfrac{h}{2\mu} \times \dfrac{\mathrm{d}p}{\mathrm{d}x} + \dfrac{u_0}{h}$，$C_2 = 0$，于是

$$u = -\frac{1}{2\mu} \times \frac{\mathrm{d}p}{\mathrm{d}x}(h-y)y + \frac{u_0}{h}y \qquad (2\text{-}36)$$

从上式可知速度沿间隙断面的分布规律。

式中 $\dfrac{\mathrm{d}p}{\mathrm{d}x}$ 为一常数，即在间隙中沿 x 方向的压力梯度是一常数。如果沿间隙长度 l 的压力由 p_1 降至 p_2，则 $-\dfrac{\mathrm{d}p}{\mathrm{d}x} = -\dfrac{p_2 - p_1}{l} = \dfrac{p_1 - p_2}{l} = \dfrac{\Delta p}{l}$，代入上式得

$$u = \frac{\Delta p}{2\mu l}(h-y)y + \frac{u_0}{h}y$$

通过平行平板间的流量，可按下面关系式求得。取沿 z 方向的宽度为 b，沿 y 方向的高度为 $\mathrm{d}y$ 的过流断面，通过此断面的微小流量为 $\mathrm{d}q = ub\,\mathrm{d}y$，积分得

$$q = b\int_0^h u\,\mathrm{d}y = b\int_0^h \left[\frac{\Delta p}{2\mu l}(h-y)y + \frac{u_0}{h}y\right]\mathrm{d}y = \frac{bh^3}{12\mu l}\Delta p + \frac{u_0}{2}bh \qquad (2\text{-}37)$$

当平行平板间没有相对运动时，即 $u_0 = 0$，通过的液流仅由压差引起，称为压差流动，其流量值为

$$q = \frac{bh^3}{12\mu l}\Delta p \qquad (2\text{-}38)$$

↘ 由上式可知：

💡 **在压力差作用下，流过间隙的流量与间隙高度 h 的三次方成正比，所以液压元件间隙的大小对泄漏的影响很大，因此，在要求密封的地方应尽可能缩小间隙，以便减少泄漏。**

当平行平板间有相对运动，而两端无压力差时，即 $\Delta p = 0$，通过的液流仅由平板的相对运动引起，称为剪切流动，其流量值为

$$q = \frac{u_0}{2}bh \qquad (2\text{-}39)$$

剪切流动与压差流动同向 u_0 取正，剪切流动与压差流动反向 u_0 取负。

图 2-19 所示为液体在平行平板间隙中既有压差流动又有剪切流动的状态。图 2-19(a) 所示为剪切流动和压差流动方向相同，图 2-19(b) 所示则为剪切流动和压差流动方向相反。在间隙中流速的分布规律和流量是上述两种情况的叠加。

Chapter 1
Chapter 2
Chapter 3
Chapter 4
Chapter 5
Chapter 6
Chapter 7
Chapter 8
Chapter 9

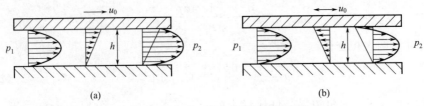

图 2-19　经相对运动平行平板间隙的流动

(2) 流经环状间隙的流量

在液压元件中，如液压缸与活塞的间隙、换向阀的阀芯和阀孔之间的间隙，均属环状间隙。实际上由于阀芯自重和制造上的原因等往往使孔和圆柱体的配合不易保证同心，而存在一定的偏心度，这对液体的流动（泄漏）是有影响的。

❶ 流经同心环状间隙的流量　图 2-20 所示为液流通过同心环状间隙的流动情况，其柱塞直径为 d，间隙为 h，柱塞长度为 l。如果将圆环间隙沿圆周方向展开，就相当于一个平行平板间隙，因此，只要用 πd 替代式(2-37) 中的 b，就可得到通过同心环状间隙的流量公式

$$q = \frac{\pi d h^3}{12\mu l}\Delta p \pm \frac{\pi d h}{2}u_0 \tag{2-40}$$

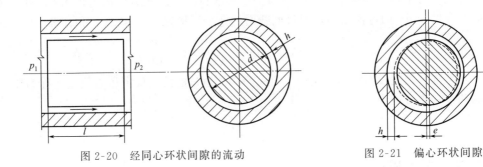

图 2-20　经同心环状间隙的流动　　　　图 2-21　偏心环状间隙

❷ 流经偏心环状间隙的流量　若圆环的内外圆不同心，偏心距为 e，如图 2-21 所示，则形成了偏心环状的间隙。其流量公式为

$$q = \frac{\pi d h^3}{12\mu l}\Delta p(1+1.5\varepsilon) \pm \frac{\pi d h}{2}u_0 \tag{2-41}$$

式中　h——内外圆同心时的间隙；

ε——相对偏心率，$\varepsilon = e/h$。

从式(2-41) 可以看出，当 $\varepsilon=0$ 时，即为同心环状间隙的流量。随着偏心量 e 的增大，通过的流量也随之增加。当 $\varepsilon=1$，即 $e=h$ 时，为最大偏心，其压差流量为同心环状间隙压差流量的 2.5 倍。由此可见保持阀件配合同轴度的重要性，为此常在阀芯上开有环形压力平衡槽，通过压力作用使其能自动对中，减少偏心，从而减少泄漏。

❸ 流经圆环平面间隙的流量　如图 2-22 所示，上圆盘与下圆盘形成间隙，液流自上圆盘中心孔流入，在压差作用下沿径向呈放射状流出。采用柱坐标，在半径为 r 处取 $\mathrm{d}r$，沿半径方向的流动可近似看作是固定平行平板间隙流动，依照式(2-36) 前一项有

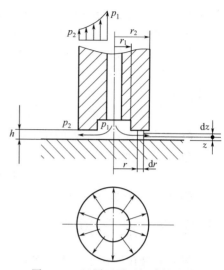

$$u_r = -\frac{(h-z)z}{2\mu} \times \frac{\mathrm{d}p}{\mathrm{d}r}$$

$$q = \int_0^h u_r 2\pi r \mathrm{d}z = -\frac{\pi r h^3}{6\mu} \times \frac{\mathrm{d}p}{\mathrm{d}r}$$

$$\frac{\mathrm{d}p}{\mathrm{d}r} = -\frac{6\mu q}{\pi r h^3}$$

积分得 $p = \int -\frac{6\mu q}{\pi r h^3} \mathrm{d}r = -\frac{6\mu q}{\pi h^3}\ln r + C$

当 $r = r_2$ 时

图 2-22　经圆环平面间隙的流动

$$p = p_2, \quad C = \frac{6\mu q}{\pi h^3}\ln r_2 + p_2$$

代入上式

$$p = \frac{6\mu q}{\pi h^3}(\ln r_2 - \ln r) + p_2 = \frac{6\mu q}{\pi h^3}\ln\frac{r_2}{r} + p_2 \qquad (2\text{-}42)$$

又当 $r = r_1$ 时，$p = p_1$

$$\Delta p = p_1 - p_2 = \frac{6\mu q}{\pi h^3}\ln\frac{r_2}{r_1}$$

流经圆环平面间隙的流量

$$q = \frac{\pi h^3}{6\mu\ln\dfrac{r_2}{r_1}}\Delta p \qquad (2\text{-}43)$$

2.6　气穴现象和液压冲击

2.6.1　气穴现象

▶ 在液压系统中，由于流速突然变大，供油不足等因素，压力迅速下降至低于空气分离压时，原来溶解于油液中的空气游离出来形成气泡，这些气泡夹杂在油液中形成气穴，这种现象称为气穴现象。

当液压系统中出现气穴现象时，大量的气泡破坏了油流的连续性，造成流量和压力脉动，当气泡随油流进入高压区时又急剧破灭，引起局部液压冲击，使系统产生强烈的噪声和振动。当附着在金属表面上的气泡破灭时，它所产生的局部高温和

高压作用，以及油液中逸出的气体的氧化作用，会使金属表面剥蚀或出现海绵状的小洞穴。这种因气穴造成的腐蚀作用称为汽蚀，导致元件使用寿命的下降。

气穴多发生在阀口和液压泵的进口处，由于阀口的通道狭窄，流速增大，压力大幅度下降，以致产生气穴。当泵的安装高度过大或油面不足，吸油管直径太小，吸油阻力大，滤油器阻塞，造成泵的进口处真空度过大，亦会产生气穴。为减少气穴和汽蚀的危害，一般采取下列措施。

❶ 减少液流在阀口处的压力降，一般希望阀口前后的压力比为 $p_1/p_2 < 3.5$。

❷ 降低吸油高度（一般 $H < 0.5m$），适当加大吸油管内径，限制吸油管的流速（一般 $v < 1m/s$）。及时清洗过滤器。对高压泵可采用辅助泵供油。

❸ 管路要有良好密封，防止空气进入。

2.6.2　液压冲击

▶ 在液压系统中，由于某种原因引起油液的压力在瞬间急剧上升，这种现象称为液压冲击。

液压系统中产生液压冲击的原因很多，如液流速度突变（如关闭阀）或突然改变液流方向（如换向）等因素都将会引起系统中油液压力的骤然升高而产生液压冲击。液压冲击会引起振动和噪声，导致密封装置、管路及液压元件的损失，有时还会使某些元件，如压力继电器、顺序阀产生误动作，影响系统的正常工作。因此，必须采取有效措施来减轻或防止液压冲击。

避免产生液压冲击的基本措施是尽量避免液流速度发生急剧变化，延缓速度变化的时间，其具体办法如下。

❶ 缓慢开关阀门。

❷ 限制管路中液流的速度。

❸ 系统中设置蓄能器和安全阀。

❹ 在液压元件中设置缓冲装置（如节流孔）。

习　题

1.流量连续性方程是（　　）在流体力学中的表达形式，而伯努利方程是（　　）在流体力学中的表达形式。

（A）能量守恒定律　　　（B）动量定理　　　（C）质量守恒定律　　　（D）其他

2.液体流经薄壁小孔的流量与孔口面积的（　　）和小孔前后压力差的（　　）成正比。

（A）一次方　　　（B）1/2次方　　　（C）二次方　　　（D）三次方

3.通过固定平行平板缝隙的流量与（　　）一次方成正比，与（　　）的三次方成正比，这说明液压元件内的（　　）的大小对其泄漏量的影响非常大。

4. 什么是液体的黏性？常用的黏度表示方法有哪几种？并分别说明其黏度单位。

5. 压力的定义是什么？静压力有哪些特性？压力是如何传递的？

6. 伯努利方程的物理意义是什么？该方程的理论式与实际式有什么区别？

7. 简述层流与紊流的物理现象及两者的判别方式。

8. 管路中的压力损失有哪几种？分别受哪些因素影响？

9. 压力表校正仪的原理如图 2-23 所示。已知活塞直径 $d=10\text{mm}$，螺杆导程 $L=2\text{mm}$，仪器内油液的体积弹性模量 $K=1.2\times10^3\text{MPa}$，压力表读数为零时，仪器内油液的体积为 200mL。若要使压力表读数为 21MPa，手轮应转多少转？

10. 如图 2-24 所示，直径为 d，重量为 G 的柱塞浸没在液体中，并在 F 力作用下处于静止状态，若液体的重度为 γ，柱塞浸入深度为 h，试确定液体在测压管内上升的高度 x。

11. 如图 2-25 所示，油管水平放置，截面 1-1，2-2 处的直径为 d_1、d_2，液体在管路内作连续流动，若不考虑管路内能量损失：

① 截面 1-1，2-2 处哪一处压力高？为什么？

② 若管路内通过的流量为 q，试求截面 1-1 和 2-2 两处的压力差 Δp。

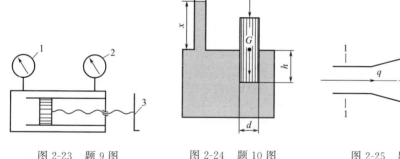

图 2-23　题 9 图
1—被校压力表；2—标准压力表；
3—螺杆手轮

图 2-24　题 10 图

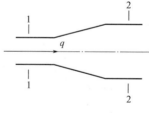

图 2-25　题 11 图

12. 如图 2-26 所示，液压泵流量 $q=25\text{L/min}$，吸油管直径 $d=25\text{mm}$，泵吸油口比油箱液面高 $H=0.4\text{m}$。如只考虑吸油管中的沿程压力损失，泵吸油口处的真空度为多少？（液压油的密度 $\rho=900\text{kg/m}^3$，运动粘度 $\mu=20\text{mm}^2/\text{s}$）

13. 如图 2-27 所示，液压泵输出流量可变，当 $q_1=0.417\times10^{-3}\text{m}^3/\text{s}$ 时，测得阻尼孔前的压力为 $p_1=5\times10^5\text{Pa}$，如泵的流量增加到 $q_2=0.834\times10^{-3}\text{m}^3/\text{s}$，试求阻尼孔前的压力 $p_2=$？（阻尼孔分别以细长孔和薄壁孔进行计算）。

14. 如图 2-28 所示，柱塞受固定力 $F=100\text{N}$ 的作用而下落，缸中油液经间隙 $\delta=0.05\text{mm}$ 泄出，设柱塞和缸处于同心状态，缝隙长度 $l=70\text{mm}$，柱塞直径

$d = 20\text{mm}$,油液的黏度 $\mu = 50 \times 10^{-3} \text{Pa} \cdot \text{s}$,试计算柱塞下落 0.1m 所需的时间是多少?

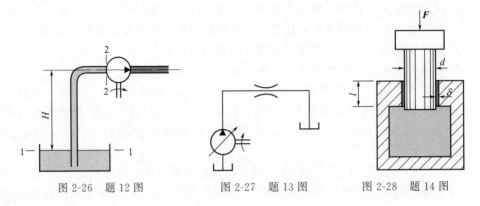

图 2-26 题 12 图   图 2-27 题 13 图   图 2-28 题 14 图

液压动力元件

▶ 液压泵是液压系统的动力元件，是一种能量转换装置，它将原动机的机械能转换成液体的压力能，为液压系统提供动力，是液压系统的重要组成部分。

3.1 液压泵概述

3.1.1 液压泵的工作原理和类型

图 3-1 所示为最简单的单柱塞液压泵的工作原理简图。柱塞 2 安装在缸体 3 内，靠间隙密封，柱塞、缸体和单向阀 4、5 形成密封的工作容积。柱塞在弹簧的作用下和偏心轮 1 保持接触，当偏心轮旋转时，柱塞在偏心和弹簧的作用下在缸体中移动，使密封腔 a 的容积发生变化。柱塞右移时，如图 3-1(a) 所示，密封腔 a 的容积增大，产生局部真空，油箱 6 中的油液在大气压力作用下顶开单向阀 4 中的钢球流入泵体内，实现吸油。此时，单向阀 5 封闭出油口，防止系统压力油液回流。柱塞左移时，如图 3-1(b) 所示，密封腔 a 减小，已吸入的油液受到挤压，产生一定的压力，便顶开单向阀 5 中的钢球压入系统，实现排油。此时，单向阀 4 中的钢球在弹簧和油压的作用下，封闭吸油口，避免油液流回油箱。若偏心轮不停地转动，泵就不停地吸油和排油。

由此可知，液压泵是靠密封容积的变化来实现吸油和排油的，其输出油量的多少取决于柱塞往复运动的次数和密封容积变化的大小，故液压泵又称为容积式泵。

通过以上分析可以得出液压泵工作的基本条件如下。

❶ 在结构上能形成密封的工作容积。

❷ 密封工作容积能实现周期性的变化，密封工作容积由小变大时与吸油腔相通，由大变小时与排油腔相通。

❸ 吸油腔与排油腔必须相互隔开。

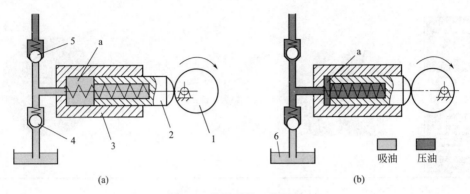

图 3-1　液压泵的工作原理

1—偏心轮；2—杜塞；3　缸体；4、5—单向阀；6—油箱

　　液压泵按其排出油液体积是否可以调节，可分成定量泵和变量泵；按结构形式的不同，可分成齿轮式、叶片式、柱塞式等类型。

　　液压泵的图形符号如图 3-2 所示或见附录中附表 C。

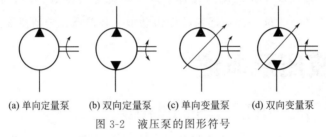

(a) 单向定量泵　　(b) 双向定量泵　　(c) 单向变量泵　　(d) 双向变量泵

图 3-2　液压泵的图形符号

3.1.2　液压泵的基本性能参数

(1) 液压泵的压力

　　❶ 工作压力　液压泵的工作压力是指泵实际工作时的压力。工作压力由系统负载决定，负载增加，泵的工作压力升高，负载减小，泵的工作压力降低。

　　❷ 额定压力　液压泵的额定压力是指根据试验标准规定的允许连续运转的最高压力。超过此值，将使泵过载。额定压力受泵本身的结构强度和泄漏的制约。

　　由于液压传动的用途不同，系统所需压力也不相同。为了便于液压元件的设计、生产和使用，将压力分成几个等级，见表 3-1。

表 3-1　压力分级

压力等级	低压	中压	中高压	高压	超高压
压力/MPa	≤ 2.5	> 2.5~8	>8~16	>16~31.5	>31.5

(2) 液压泵的排量和流量

　　❶ 排量　指在不考虑泄漏的情况下，泵轴每转过一周所排出的液体体积，用 V_p 表示，其常用单位为 mL/r。排量的数值由泵的密封容积几何尺寸的变化计算

而得，又称几何排量。

❷ 理论流量　指在不考虑泄漏的情况下，泵在单位时间内所排出的液体体积，用 q_{pt} 表示。泵的理论流量等于泵的排量 V_p 与其输入转速 n_p 的乘积，即

$$q_{pt} = V_p n_p \qquad (3\text{-}1)$$

❸ 实际流量　指泵实际工作时，在单位时间内所排出的液体体积，用 q_p 表示。

这里需要指出的是，泵的排量和理论流量都是在不考虑泄漏的情况下由计算所得的量，其值与泵的压力无关。实际上，因为泵存在泄漏，泵的实际流量 q_p 总是小于理论流量 q_{pt}，即

$$q_p = q_{pt} - \Delta q_p \qquad (3\text{-}2)$$

式中，Δq_p 为泵的泄漏量，它与泵的工作压力 p 有关，随工作压力 p 的增高而加大，泵的流量与压力之间的关系如图 3-3 所示。

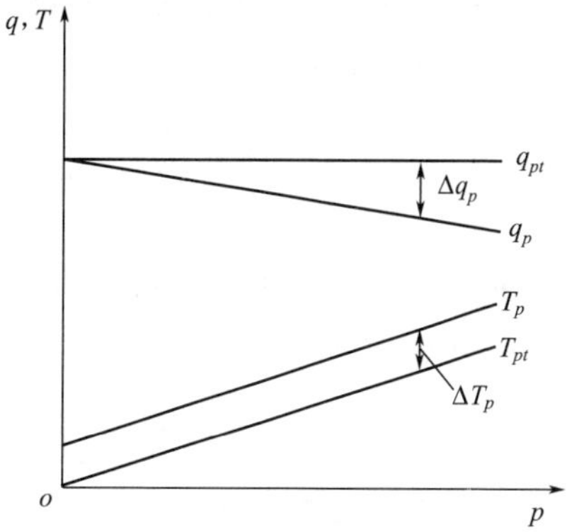

图 3-3　液压泵的流量、
转矩与压力的关系

(3) 液压泵的功率

液压泵输入的是转矩和转速，输出的是油液压力和流量。输出功率 P_{po} 和输入功率 P_{pi} 分别为

$$P_{po} = p q_p \qquad (3\text{-}3)$$
$$P_{pi} = \omega_p T_{pi} = 2\pi n_p T_{pi} \qquad (3\text{-}4)$$

式中　p——泵的工作压力；

n_p——泵的输入转速；

T_{pi}——泵的实际输入转矩。

若忽略泵在能量转换过程中的损失，则输出功率等于输入功率，也即泵的理论功率

$$P_{pt} = p q_{pt} = 2\pi n_p T_{pt} \qquad (3\text{-}5)$$

式中　T_{pt}——泵的理论输入转矩。

(4) 液压泵的效率

实际上，**液压泵在能量转换过程中是有损失的，输出功率总小于输入功率。两者之间的差值为功率损失，它分为容积损失和机械损失两部分。**

❶ 容积效率　容积损失是因内泄漏、气穴和油液在高压下的压缩而造成的流量上的损失。流量损失主要是内泄漏，它与工作压力有关，随工作压力的增高而加大，所以泵的实际流量随工作压力的增高而减少，它总是小于理论流量。**衡量容积损失的指标是容积效率，它是泵的实际输出流量与理论流量的比值，用** η_{pV} 表示

$$\eta_{pV} = \frac{q_p}{q_{pt}} = \frac{q_{pt} - \Delta q_p}{q_{pt}} = 1 - \frac{\Delta q_p}{q_{pt}} \qquad (3\text{-}6)$$

❷ **机械效率**　机械损失是因摩擦而造成的转矩上的损失。驱动液压泵的转矩总是大于其理论上所需的转矩，设转矩损失为 ΔT_p，则泵的实际输入转矩为

$$T_{pi} = T_{pt} + \Delta T_p \tag{3-7}$$

液压泵的转矩与压力的关系见图 3-3。

衡量机械损失的指标是机械效率，它是泵的理论扭矩 T_{pt} 与实际输入扭矩 T_{pi} 的比值，用 η_{pm} 表示

$$\eta_{pm} = \frac{T_{pt}}{T_{pi}} = \frac{\Delta T_p}{T_{pt} + T_{pl}} = \frac{1}{1 + \dfrac{\Delta T_p}{T_{pt}}} \tag{3-8}$$

❸ **总效率**　**衡量功率损失的指标是总效率**，它是泵的输出功率与输入功率的比值，用 η_p 表示

$$\eta_p = \frac{P_{po}}{P_{pi}} = \frac{pq_p}{2\pi n_p T_{pi}} = \frac{q_p}{V_p n_p} \times \frac{pV_p}{2\pi T_{pi}} = \eta_{pV} \eta_{pm} \tag{3-9}$$

式（3-9）说明，泵的总效率等于容积效率和机械效率的乘积。泵的容积效率、机械效率和总效率的关系曲线如图 3-4 所示。可利用这个曲线来评定液压泵的性能，并确定其合理的使用范围。

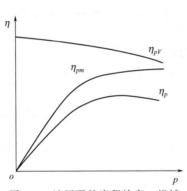

图 3-4　液压泵的容积效率、机械
效率和总效率的关系曲线

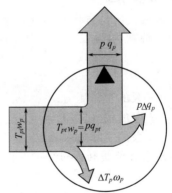

图 3-5　液压泵的功率流程

液压泵的功率流程如图 3-5 所示，图中 $\Delta T_p \omega_p$ 是与机械损失相对应的功率损失，$p\Delta q_p$ 是与容积损失相对应的功率损失。

3.2　齿轮泵

齿轮泵是液压系统中常用的液压泵。它具有结构简单、体积小、重量轻、工作可靠、成本低、对油的污染不敏感、便于维修等优点。但其缺点是流量脉动大、噪声大、排量不可调。

按结构形式的不同，齿轮泵可分为外啮合和内啮合两种形式。

3.2.1 外啮合齿轮泵

(1) 工作原理

图 3-6 所示为齿轮泵的工作原理，在泵体内有一对大小一样、齿数相同的外啮合齿轮，齿轮的两端有端盖罩住（图中未画出），泵体、两个齿轮和前后端盖组成密封容腔，并由齿轮的齿面接触线将其分成左、右互不相通的两部分，即吸油腔和压油腔。当齿轮按图示方向转动时，泵左侧吸油腔内的轮齿相继脱开啮合，轮齿退出齿间，使密封容积增大，形成局部真空，油箱中的油液在大气压力作用下，进入吸油口，填满吸油腔齿间容积，并被转动的齿轮带入右侧压油腔；而压油腔的轮齿则相继进

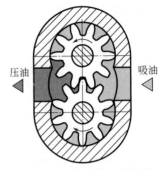

图 3-6　齿轮泵的工作原理

入啮合，使密封容积减小，齿间中的油液被挤出，通过压油口排出。齿轮不断地转动，吸油腔就不断地吸油，而压油腔则不断地排油。

(2) 外啮合齿轮泵的排量和流量

齿轮泵的排量可视为两个齿轮的齿间槽的容积之和。近似计算，假设齿间槽的容积与轮齿的体积相等，则其排量就等于一个齿轮的齿间槽和轮齿的体积的总和，即相当于有效齿高和齿宽构成的平面所扫过的环形体积。于是泵的排量为

$$V_p = \pi d h b = 2\pi z m^2 b \tag{3-10}$$

式中　d——节圆直径，$d = mz$；

　　　h——有效齿高，$h = 2m$；

　　　b——齿宽；

　　　z——齿数；

　　　m——齿轮模数。

泵的流量为

$$q_p = 2\pi z m^2 b n_p \eta_{pV} \tag{3-11}$$

式中　n_p——泵的转速；

　　　η_{pV}——泵的容积效率。

上式所表示的是泵的平均流量。实际上由于齿轮啮合过程中压油腔的容积变化率是不均匀的，因此齿轮泵的瞬时流量是脉动的。

(3) 结构特点

外啮合齿轮泵在结构上有以下特点。

❶ 困油现象　齿轮泵要平稳地工作，齿轮啮合的重合度必须大于 1，这就意味着当一对轮齿尚未脱离啮合时，另一对轮齿已进入啮合状态，即会有两对轮齿同时啮合。因此，就有一部分油液被围困在两对啮合轮齿所形成的封闭容积之中，如图 3-7 所示。这个封闭容积先随齿轮转动逐渐减小，后又逐渐增大。封闭容积减小

时，被困油液受到挤压，产生高压，迫使被困油液从缝隙中强行挤出，导致油液发热，给轴承附加很大的不平衡负载。封闭容积增大时，由于困油区内的油已被挤出一部分并得不到补充，便造成局部真空，使溶解于油中的空气分离出来，产生气穴，引起噪声、振动和汽蚀。这就是齿轮泵的困油现象。

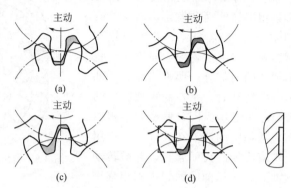

图 3-7　齿轮泵的困油现象及其消除方法

消除困油的方法是在齿轮的两侧端盖上开卸荷槽，如图 3-7(d) 中虚线所示。卸荷槽的位置和尺寸能使封闭容积减小时，通过右边的卸荷槽与压油腔相通；封闭容积增大时，通过左边的卸荷槽与吸油腔相通，并保证在任何时候都不能使压油腔与吸油腔相通。在很多齿轮泵中，两卸荷槽并不对称于齿轮中心线分布，而是整个向吸油腔侧平移一段距离，这样能取得更好的效果。卸荷槽是任何齿轮泵必须具备的结构，否则齿轮泵不能正常工作。

❷ 泄漏　齿轮泵压油腔中的压力油可通过三条途径泄漏到吸油腔中去：一是通过轮齿啮合处的间隙，二是通过泵体内孔和齿顶圆之间的径向间隙，三是通过齿轮两端侧面和盖板间的端面间隙。其中通过端面间隙的泄漏量最大，占总泄漏量的 75%～80%。压力越高，泄漏越严重。因此，如果不采取措施，减小端面泄漏，齿轮泵的容积效率将是很低的，只能用于低压。为了减小泄漏，提高容积效率，用设计较小间隙的方法并不能取得好的效果，因为泵工作一段时间后，由于磨损而使间

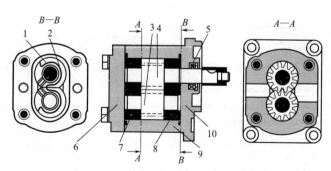

图 3-8　采用浮动轴套的齿轮泵结构

1—轴承；2—"3"字形密封；3—被动齿轮；4—主动齿轮；5—轴封；

6—后盖；7—左浮动轴套；8—右浮动轴套；9—泵体；10—前盖

隙变大，泄漏又会增加。所以通常采用浮动
轴套或弹性侧板对端面间隙进行自动补偿的
办法来减小泄漏。图 3-8 所示为采用浮动轴
套的一种典型的结构。图中两对轴套 7、8
是浮动安装的，轴套 7 的左侧容腔（由"3"
字形密封与泵体内孔构成）与泵的压油腔相
通。当泵工作时，轴套 7 受左侧油压的作用
右移，贴靠在齿轮的端面上，压力越高，贴
的越紧，从而可以减小间隙并自动补偿端面
磨损量。实践证明，这样能取得较好的
效果。

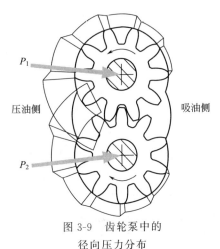

压油侧　　　　　　　　　　　　　吸油侧

图 3-9　齿轮泵中的
径向压力分布

❸ 径向力不平衡　在齿轮泵中，处于压
油腔中的齿轮外圆和齿廓表面承受着工作压
力，处于吸油腔中的齿轮外圆和齿廓表面承
受着吸油腔的油压力，因此作用在整个齿轮外圆上的压力是不均匀的。压力沿齿轮
旋转方向，由低到高，逐渐递增，综合作用的结果，使齿轮和轴受到径向不平衡力
P_1、P_2，如图 3-9 所示。工作压力越高，径向不平衡力也就越大。

径向不平衡力过大时，会使齿轮轴弯曲，造成齿顶接触泵体，产生摩擦，同时
加速轴承磨损。实践证明，轴承的磨损是影响齿轮泵寿命的主要原因。为了减小径
向不平衡力，常采用扩大压油区只保留 1～2 轮齿密封的方法，实现大范围内径
力的平衡，但会增大泵体的径向载荷以及端盖的轴向载荷。

3.2.2　内啮合齿轮泵

内啮合齿轮泵有渐开线齿形和摆线齿形两种，如图 3-10 所示。其工作原理和
主要特点与外啮合齿轮泵相同，只是两个齿轮的大小不一样，且相互偏置，小齿轮
是主动轮，小齿轮带动内齿轮以各自的中心同方向旋转。

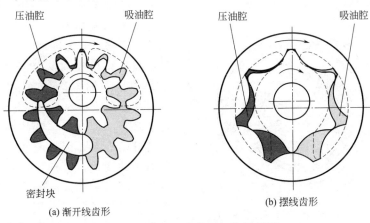

压油腔　　　　　　吸油腔　　　　　　　　压油腔　　　　　　吸油腔

密封块

(a) 渐开线齿形　　　　　　　　　　　　　(b) 摆线齿形

图 3-10　内啮合齿轮泵工作原理图

在渐开线内啮合齿轮泵中，小齿轮和内齿轮之间要装一密封块，以便把吸油腔和压油腔隔开。当小齿轮带动内齿轮转动时，右半部轮齿退出啮合，形成真空，进行吸油。进入齿槽的油液被带到压油腔，左半部轮齿进入啮合将油液挤出，从压油口排油。

在摆线形内啮合齿轮泵（又称摆线转子泵）中，小齿轮（内转子）与内齿轮（外转子）相差一个齿，当内转子带动外转子转动时，所有内转子的轮齿都进入啮合，形成几个独立的密封腔，不需设置密封块。随着内外转子的啮合旋转，各密封腔的容积发生变化，从而进行吸油和压油。

内啮合齿轮泵结构紧凑，体积小，重量轻，由于啮合的重叠度大，传动平稳，噪声小，流量脉动小，但内齿轮的齿形加工复杂，价格较高。

3.3 叶片泵

叶片泵和其他液压泵相比，具有体积小、重量轻、运转平稳、输出流量均匀、噪声小等优点，在中高压系统中得到了广泛使用。但它也存在结构较复杂、对油液污染较敏感、吸入特性不太好等缺点。

叶片泵按工作原理可分为单作用泵和双作用泵两类。

3.3.1 单作用叶片泵

(1) 工作原理

图 3-11 所示为单作用叶片泵的工作原理。泵由定子 3、转子 1、叶片 2、配油盘和端盖（图中未画出）等零件所组成。定子的内表面是一个圆形孔，转子和定子相互偏置，有偏心距 e。在配油盘上开有两个腰形的配油窗口，其中一个与吸油口相通，为吸油窗口；另一个与压油口相通，为压油窗口。叶片在转子的槽内可灵活滑动。当转子由轴带动按图示方向旋转时，叶片在离心力的作用下，在随转子转动的同时，向外伸出，叶片顶部紧贴在定子内表面上，于是两相邻叶片、配油盘、定子和转子便形成了一个个密封腔。若按图示方向旋转时，图右边的叶片向外伸出，密封腔逐渐增大，产生真空，通过吸油窗口吸油；而左边的叶片在定子内表面的作用下，被迫向内缩回，密封腔逐渐减小，通过压油窗口压油。转子旋转一周，每一叶片在转子槽内往复滑动一次，密封腔发生一次增大和缩小的变化，吸油压油各一次，故称单作用式叶片泵。**因这种泵的转子受有单向的径向不平衡力，故又称非平衡式叶片泵。如改变定子和转子之**

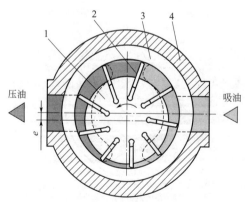

图 3-11 单作用叶片泵的工作原理
1—转子；2—叶片；3—定子；4—泵体

间的偏心距，便可改变泵的排量，成为变
量泵。

(2) 单作用叶片泵的排量和流量

如图 3-12 所示，当单作用叶片泵的
转子每转一周时，每相邻两叶片间的密封
容积变化量为 $V_1 - V_2$。若近似把 AB 和
CD 段看作是中心为 O_1 的圆弧，当定子内
半径为 R 时，此二圆弧的半径分别为
$(R+e)$ 和 $(R-e)$。设转子半径为 r，叶
片宽度为 b，叶片数为 z，则有

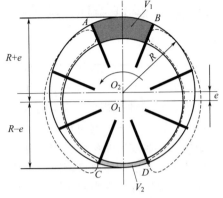

图 3-12　单作用叶片
泵的排量计算简图

$$V_1 = \pi\left[(R+e)^2 - r^2\right]\frac{\beta}{2\pi}b$$

$$= \pi\left[(R+e)^2 - r^2\right]\frac{b}{z} \tag{3-12}$$

$$V_2 = \pi\left[(R-e)^2 - r^2\right]\frac{\beta}{2\pi}b = \pi\left[(R-e)^2 - r^2\right]\frac{b}{z} \tag{3-13}$$

式中，$\beta = \dfrac{2\pi}{z}$，为相邻两叶片所夹的中心角。

因排量 $V = (V_1 - V_2)z$，将以上两式带入，整理可得泵的排量为

$$V_p = 4\pi Rbe \tag{3-14}$$

实际流量为

$$q_p = 4\pi Rben_p\eta_{pV} \tag{3-15}$$

由于定子和转子偏心安置，单作用叶片泵的容积变化是不均匀的，因此有流量
脉动。理论计算可以证明，叶片数为奇数时流量脉动较小，故单作用叶片泵的叶片
数总取奇数，一般为 13 片或 15 片。

(3) 结构特点

单作用叶片泵的结构特点如下。

❶ 定子和转子相互偏置　改变定子和转子之间的偏心距，可以调节泵的流量。

❷ 径向液压力不平衡　由于单作用叶片泵的这一特点，使泵的工作压力受到
限制，所以这种泵不适于高压。

❸ 叶片后倾　一般在单作用叶片泵中，为了使叶片顶部可靠地与定子内表面
相接触，叶片底部油槽在压油区是与压油腔相通、在吸油区与吸油腔相通的，即叶
片的底部和顶部受到的压力是平衡的。这样，叶片仅靠随转子旋转时所受到的离心
惯性力向外运动，顶住定子内表面。根据力学分析，叶片后倾一个角度有利于叶片
在惯性力的作用下向外甩出。通常，后倾角为 24°。

3.3.2 双作用叶片泵

(1) 工作原理

图 3-13 所示为双作用叶片泵的工作原理。它的工作原理与单作用叶片泵相似,不同之处在于双作用叶片泵的定子内表面似椭圆,由两大半径 R 圆弧、两小半径 r 圆弧和四段过渡曲线组成,且定子和转子同心。配油盘上开两个吸油窗口和两个压油窗口。当转子按图示方向转动,叶片由小半径 r 处向大半径 R 处移动时,两叶片间容积增大,通过吸油窗口吸油;叶片由大半径 R 处向小半径 r 处移动时,两叶片间容积减小,通过压油窗口压油。转子每转一周,每一叶片往复运动两次,吸油、压油各两次。故这种泵称为双作用叶片泵。双作用叶片泵的排量不可调,是定量泵。

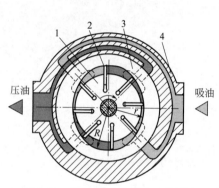

图 3-13 双作用叶片泵的工作原理
1—转子;2—叶片;3—定子;4—泵体

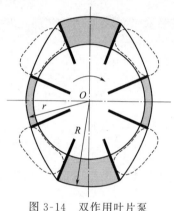

图 3-14 双作用叶片泵
的排量计算简图

(2) 双作用叶片泵的排量和流量

由图 3-14 可知,叶片泵每转一周,两叶片组成的工作腔由最小到最大变化两次。因此,叶片泵每转一周,两叶片间的油液排出量为大圆弧段 R 处的容积与小圆弧段 r 处的容积的差值的两倍。若叶片数为 z,当不计叶片本身的体积时,通过计算可得双作用叶片泵的排量为

$$V_p = 2\pi(R^2 - r^2)b \qquad (3\text{-}16)$$

泵的流量为

$$q_p = 2\pi(R^2 - r^2)bn_p\eta_{pV} \qquad (3\text{-}17)$$

式中　R——定子的长半径;

　　　r——定子的短半径;

　　　b——叶片宽度。

双作用叶片泵的瞬时流量,如果不考虑叶片厚度的影响,应该是均匀的。但实际上叶片有一定的厚度,其底部又与压油腔相通(不论是在吸油区还是在压油区),叶片在吸油区内的不断伸出,根部的容积要由压油腔的排油来补充,如果处于吸油区的叶片的移动速度之和不等于常数时,就要影响瞬时流量的均匀性。叶片厚度对

瞬时流量的影响与定子过渡曲线的形式及叶片数有关，通过理论分析可知，只要合理选择定子的过渡曲线及与其相适应的叶片数，理论上可以做到瞬时流量无脉动。常用的定子过渡曲线是等加速-等减速曲线，其叶片数为12。

(3) 结构特点

双作用叶片泵的结构特点如下。

❶ 定子过渡曲线　定子曲线是由四段圆弧和四段过渡曲线组成的，定子所采用的过渡曲线要保证叶片在转子槽中滑动时的速度和加速度均匀变化，以减小叶片对定子内表面的冲击和噪声。目前双作用叶片泵定子过渡曲线广泛采用性能良好的等加速-等减速曲线，但还会产生一些柔性冲击。为了更好地改善这种情况，有些叶片泵定子过渡曲线采用了三次以上的高次曲线。

❷ 径向液压力平衡　由于吸、压油口对称分布，转子和轴承所受到的径向压力是平衡的，所以这种泵又称为平衡式叶片泵。

❸ 端面间隙自动补偿　图 3-15 所示为双作用叶片泵的一种典型结构。它由驱动轴、转子、叶片、定子、左右配油盘、左右泵体等零件组成。泵的叶片、转子、定子和左右配油盘可先组装成一个部件后整体装入泵体。为了减小端面泄漏，采取的间隙自动补偿措施是将右配油盘的右侧与压油腔相通，使配油盘在液压推力作用下压向定子。泵的工作压力越高，配油盘就会越加贴紧定子。这样，使容积效率得到一定的提高。

❹ 提高工作压力的措施　在双作用叶片泵中，为了使叶片顶部与定子内表面良好的接触，所有叶片底部均与压油腔相通（图 3-13 中叶片底部通过右配油盘上的环形槽与压油腔连通），这样会造成在吸油区内，叶片底部和顶部受到的液压力不平衡，压力差使叶片以很大的压力压向定子内表面，加速了吸油区内的定子内表面磨损，泵的工作压力越高磨损越严重，这是影响双作用叶片泵工作压力提高的主要因素。因此，要提高泵的工作压力，必须从结构上采取措施改善此种状况。可以采取的措施很多，其目的都是减小吸油区叶片压向定子内表面的作用力。常用的有

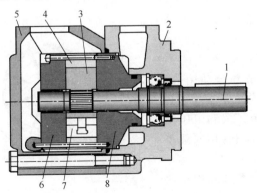

图 3-15　双作用叶片泵的典型结构

1—驱动轴；2—右泵体；3—转子；4—定子；5—左泵体；

6—左配油盘；7—叶片；8—右配油盘

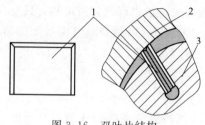

图 3-16 双叶片结构
1—叶片；2—定子；3—转子

双叶片结构和子母叶片（又称复合叶片）结构。

图 3-16 为双叶片结构，在转子的每一叶片槽内装有两个可相互滑动的叶片，每个叶片的内侧均倒角，两个叶片之间便构成了侧面的 V 形通道，使叶片顶部和根部的油压相等。合理设计叶片顶部的形状，使叶片顶部的有效承压面积略小于叶片根部的承压面积，既可以保证叶片与定子的紧密接触，又不至于产生过大的接触应力。

图 3-17 为子母叶片结构，母叶片 3 的根部 d 腔经转子 1 上的 e 孔始终与顶部油腔相通，而子叶片 4 和母叶片 3 之间的 a 腔始终通过转子上的 b 槽、配油盘 c 槽与压力油腔相通。这样在吸油区，叶片压向定子内表面的力只是 a 腔的液压力，由于 a 腔的承压面积很小，从而大大地减小了吸油区叶片压向定子内表面的作用力。采取以上措施后，工作压力可达 16～20MPa。

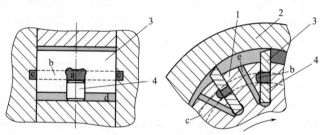

图 3-17 子母叶片结构
1—转子；2—定子；3—母叶片；4—子叶片

3.3.3 变量叶片泵

单作用叶片泵的特点之一就是通过改变偏心距，可以改变泵的输出流量。按改变偏心距方式的不同，可分为手动调节和自动调节，自动调节根据其工作特点的不同，又可分为恒流式、恒压式和限压式等变量形式。下面介绍常用的限压式变量叶片泵。

限压式变量叶片泵是利用排油压力的反馈作用来实现流量自动调节的。图 3-18 所示为内反馈限压式变量叶片泵的工作原理。配油盘

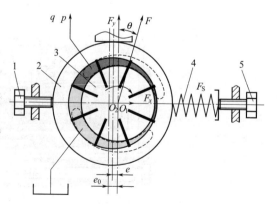

图 3-18 内反馈限压式变量叶片泵的工作原理
1—最大流量调节螺钉；2—定子；3—转子；
4—限压弹簧；5—限定压力调节螺钉

上的配油窗口相对泵的铅垂中心线偏置 θ 角。转子 3 的中心 O_1 是固定的，定子 2 可以左右移动，在定子右侧限压弹簧 4 的作用下，定子被推向左侧，使定子中心 O_2 与转子中心 O_1 之间有一初始偏心距 e_0，它决定了泵的最大流量（e_0 的大小可由螺钉 1 调节）。设定子承压面积（处于压油腔在法线方向的投影面积）为 A，泵的出口压力为 p，则排油压力对定子的径向力为 $F = pA$，此力的水平分力为 $F_x = pA\sin\theta$，当 $F_x < F_{s0}$（弹簧预压缩力）时，定子不动，仍保持最大的偏心距 e_0，泵的流量也保持最大值；当泵的压力升高到某一值 p_B 时，使得 $p_B A\sin\theta = F_{s0}$，p_B 称为泵的限定压力（p_B 可通过调节螺钉 5 设定），这也是泵保持最大流量的最高压力；当泵的压力升高到 $p_B A\sin\theta > F_{s0}$ 时，反馈力克服弹簧力将定子向右推，偏心距减小，泵的流量也随之减小。压力越高，偏心距越小，泵的流量也越小。当泵的压力达到某一值时，反馈力把弹簧压缩到最短，定子移动到最右端位置，偏心距减到最小，泵的实际输出流量为零，泵的压力便不再升高。内反馈限压式变量叶片泵的结构如图 3-19 所示。

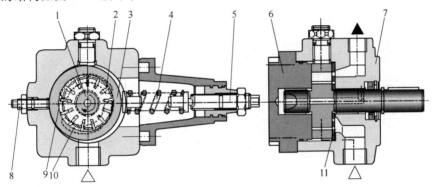

图 3-19　内反馈限压式变量叶片泵的结构图

1—转子；2—叶片；3—定子；4—限压弹簧；5—限定压力调节螺钉；6—后端盖；7—泵体；
8—最大流量调节螺钉；9—压油窗口；10—吸油窗口；11—配油盘

3.4　柱塞泵

柱塞泵是依靠柱塞在缸体内往复运动，使密封容积发生变化来实现吸油和压油的（图 3-1）。只是实际的柱塞泵的柱塞不是一个而是多个，大多数也不是用阀配油。由于柱塞和缸体都是圆柱表面，因此加工方便，配合精度高，密封性能好，故柱塞泵的优点是效率高、工作压力高、结构紧凑，且在结构上易于实现流量调节等；其缺点是结构复杂，价格高，加工精度和日常维护要求高，对油液的污染较敏感。

柱塞泵按柱塞在缸体中的排列方向不同，可分为轴向柱塞泵和径向柱塞泵，轴向柱塞泵的柱塞都平行于缸体中心线；径向柱塞泵的柱塞与缸体中心线垂直。按配油方式的不同，可分为阀配油（缸体不动）、端面配油和轴配油（缸体转动）。

轴向柱塞泵又可分为斜盘式和斜轴式两类。下面以斜盘式为主来分析轴向柱塞泵。

3.4.1 斜盘式轴向柱塞泵

(1) 工作原理

斜盘式轴向柱塞泵的工作原理如图 3-20 所示。它由斜盘 1、柱塞 2、缸体 3 和配油盘 4 等主要零件组成，斜盘与缸体间有一倾斜角 γ。斜盘和配油盘固定不动，柱塞连同滑履 6 靠中心弹簧 8、回程盘 7 在压力油的作用下压在斜盘上。当驱动轴按图示方向旋转时，柱塞在其自下而上回转的半周内逐渐外伸，使缸体孔内密封腔容积不断增大，产生局部真空，油液经配油盘中的配油窗口吸入；柱塞在其自上而下回转的半周内逐渐缩回，使缸体孔内密封腔容积不断减小，油液经配油盘中的配油窗口压出。缸体每转一转，每个柱塞往复运动一次，完成一次吸油和压油动作。

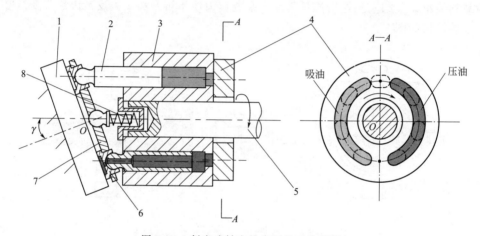

图 3-20　斜盘式轴向柱塞泵的工作原理

1—斜盘；2—柱塞；3—缸体；4—配油盘；5—驱动轴；6—滑履；7—回程盘；8—中心弹簧

如果改变斜盘的倾角 γ，可以改变柱塞往复行程的大小，也就改变了泵的排量。如果改变斜盘倾角的变化方向，就能改变吸油、压油的方向，这就成为双向变量泵。

(2) 斜盘式轴向柱塞泵的排量和流量

缸体旋转一周，柱塞移动的距离 $S = D\tan\gamma$（图 3-21），故柱塞泵每转的排量为

$$V_p = \frac{\pi}{4}d^2 S z = \frac{\pi}{4}d^2 D(\tan\gamma)z \qquad (3-18)$$

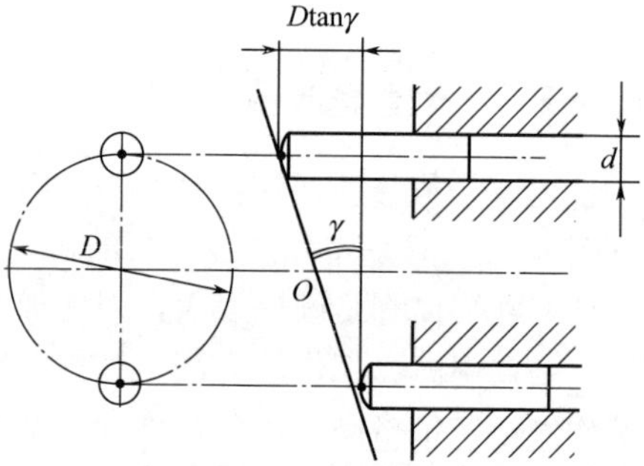

图 3-21　斜盘式轴向柱塞泵的流量计算简图

流量为

$$q_p = \frac{\pi}{4}d^2 D(\tan\gamma)z n_p \eta_{pV} \qquad (3-19)$$

式中　d——柱塞直径；

　　　S——柱塞行程；

　　　D——缸体上柱塞分布圆直径；

　　　γ——斜盘倾角；

　　　z——柱塞数。

实际上，轴向柱塞泵的瞬时流量是脉动的。通过理论计算分析可以知道，当柱塞数为奇数时，脉动较小，故轴向柱塞泵的柱塞数一般为 7 或 9 个。

(3) 结构特点

图 3-22 所示为常用的一种斜盘式轴向柱塞泵的结构，它由两部分组成，即右边的主体部分和左边的变量机构。同一规格不同变量形式的变量泵，其主体部分是相同的，仅是变量机构不同而已。

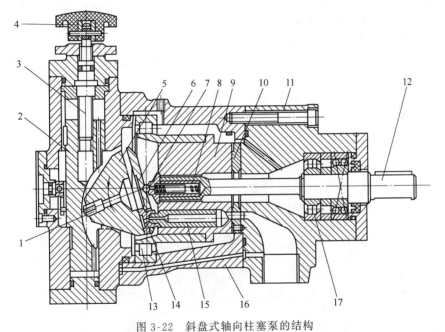

图 3-22　斜盘式轴向柱塞泵的结构

1—销轴；2—变量活塞；3—螺杆；4—手轮；5—斜盘；6—回程盘；7—钢球；
8—中心弹簧；9—缸体；10—配油盘；11—前泵体；12—传动轴；
13—大轴承；14—滑履；15—柱塞；16—中间泵体；17—前轴承

❶ **主体部分**　主体部分是由装在中间泵体 16 内的缸体 9 和配油盘 10 等组成，缸体 9 与传动轴 12 通过花键连接，由传动轴带动旋转。在缸体的轴向柱塞孔内各装有一个柱塞 15。为了避免柱塞球头与斜盘表面直接接触而产生的易磨损现象，在柱塞的球头部装滑履 14，用滑履的底平面与斜盘表面接触，而柱塞球头部与滑履则用球面配合，外面加以铆合，使柱塞和滑履既不会脱落，又使配合球面间能相对运动；柱塞中心和滑履中心均加工有小孔，压力油经小孔引到滑履底部油室，起到液体静压支承作用，极大地减小了滑履与斜盘的接触应力，并实现可靠的润滑，

这样大大降低了相对运动零件表面的磨损，有利于泵在高压下工作。

中心弹簧 8 的作用是，一方面通过钢球 7 和回程盘 6 将各个滑履压向斜盘，使滑履始终紧贴斜盘并带动柱塞回程，使柱塞在吸油区正常外伸实现吸油；另一方面，它将缸体压在配油盘上，以保证泵启动时的密封性。

正常工作时，处于压油区柱塞孔底部的压力油和中心弹簧将缸体压紧在配油盘上，同时配油盘和缸体之间的油液压力又对缸体产生一个轴向反推力，合理设计配油盘的尺寸，使反推力略小于压紧力，既保证其密封性，又降低了缸体与配油盘间的接触应力。并实现端面间隙的自动补偿，减少了泄漏，提高了容积效率。

缸体通过大轴承 13 支承在中间泵体上，这样斜盘通过柱塞作用在缸体上的径向分力由大轴承承受，使轴不受弯矩，并改善了缸体的受力状态，从而保证缸体端面与配油盘更好地接触。

❷ 变量机构　在变量轴向柱塞泵中都设置有专门的变量机构，用来改变斜盘倾角 γ 的大小，以调节泵的流量。轴向柱塞泵的变量形式有多种，其变量的结构形式亦多种多样。图 3-22 所示为手动变量机构，其工作原理是，转动手轮 4，使螺杆 3 转动，因导向键的作用，变量活塞 2 不能转动，只能上下移动，通过销轴 1 使支承在变量壳体上的斜盘 5 绕其中心转动，从而改变斜盘倾角，也就改变了泵的排量。除了手动变量机构外，还有手动伺服变量、液控变量、恒压变量和恒功率变量机构等。

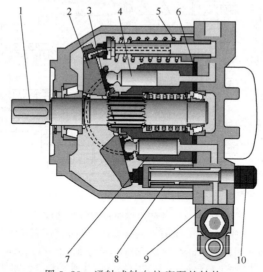

图 3-23　通轴式轴向柱塞泵的结构

1—传动轴；2—斜盘；3—滑履；4—柱塞；5—弹簧；6—配油盘；7—转子；
8—变量柱塞缸；9—变量控制阀；10—最大流量调节螺钉

图 3-22 所示也称为非通轴式轴向柱塞泵，其主要缺点之一是要采用大型滚柱轴承来承受斜盘给缸体的径向分力，轴承寿命较低，转速不高，且噪声大，成本高。为了克服这一缺点，近年来以较快的速度发展起来了一种叫作通轴泵的斜盘式轴向柱塞泵，图 3-23 所示为它的一种典型结构。其工作原理和非通轴式相同，不同之处主要在于通轴泵的主轴采用了两端支承，斜盘通过柱塞作用在缸体上的径向分力可以由

主轴来承受，因而取消了缸体外缘的大轴承，使通轴泵的转速得以提高。

3.4.2　斜轴式轴向柱塞泵

(1) 工作原理

斜轴式轴向柱塞泵的工作原理如图 3-24 所示。它由传动轴盘 1、连杆 2、柱塞 3、缸体 4、配油盘 5 和中心轴 6 等主要零件组成。传动轴盘中心轴线与缸体的轴线倾斜 γ 角，故称为斜轴式轴向柱塞泵。连杆是传动轴盘和缸体之间传递运动的连接件，依靠连杆的锥体部分与柱塞内壁的接触带动缸体旋转，连杆的两端为球头，一端的球头用压板与传动轴盘连在一起形成球铰，另一端的球头铰接于柱塞上。配油盘固定不动，中心轴起支承缸体的作用。

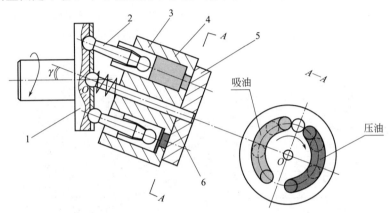

图 3-24　斜轴式轴向柱塞泵的工作原理

1—传动轴盘；2—连杆；3—柱塞；4—缸体；5—配油盘；6—中心轴

当传动轴按图示方向旋转时，连杆就带动柱塞连同缸体一起转动，柱塞同时在柱塞孔内做往复运动，使柱塞底部的密封腔容积不断地增大和缩小，通过配油盘上的吸油窗口吸油、压油窗口压油。

改变流量是通过摆动缸体改变 γ 角来实现的。在实际结构中，缸体装在后泵体（也称摇架）内，摇架可以摆动，从而改变 γ 角的大小。摇架可以在一个方向上摆动，也可以在两个方向上摆动，因此既可以做成单向变量泵，也可以做成双向变量泵。

(2) 斜轴式轴向柱塞泵的排量和流量

柱塞泵传动轴盘旋转一周，柱塞移动的距离 $S = D_0 \sin\gamma$，如图 3-25 所示，柱塞泵的排量和实际输出流量可用以下两式计算：

$$V_p = \frac{\pi d^2}{4} D_0 (\sin\gamma) z \tag{3-20}$$

$$q_p = \frac{\pi d^2}{4} D_0 (\sin\gamma) z n_p \eta_{pV} \tag{3-21}$$

式中　d——柱塞直径；

D_0——连杆球铰中心在传动轴盘上的分布圆直径；

γ——缸体摆角；

n_p——传动轴盘转速；

z——柱塞数。

(3) 斜轴式轴向柱塞泵的结构

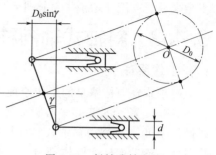

图 3-26 所示为斜轴式轴向柱塞泵的一种典型结构。其变量形式为恒功率变量。它由主轴、泵壳、轴承、带连杆的柱塞、中心轴、缸体、配油盘和变量机构等主要部分组成。主轴由原动机带动旋转，并通过连杆、柱塞带动缸体旋转。由于缸体轴线与转动轴线相

图 3-25 斜轴式轴向柱塞泵的排量和流量计算简图

交一个角度，当缸体旋转时，柱塞在缸体内做往复运动，并通过配油盘吸油和压油。配油盘与变量壳体的接触面做成弧形，通过一个拨销将配油盘与变量机构连接起来。

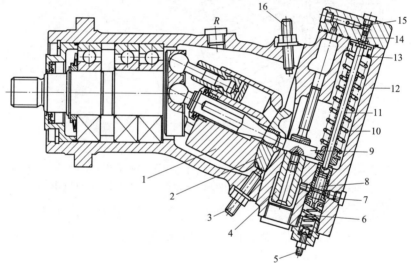

图 3-26 斜轴式轴向柱塞泵的典型结构（恒功率变量）

1—缸体；2—配油盘；3—最大摆角限位螺钉；4—变量活塞；5—调节螺钉；6—调节弹簧；
7—阀套；8—控制阀芯；9—拨销；10—大弹簧；11—小弹簧；12—后盖；13—导杆；
14—先导活塞；15—喷嘴；16—最小摆角限位螺钉

当负载压力升高时，压力油通过喷嘴 15 作用到先导活塞 14 的上端并推动导杆 13 和控制阀芯 8，由于此推力大于调节弹簧 6 的力，控制阀芯向下移动，使压力油通过阀套 7 的径向孔进入变量活塞 4 的下腔，这时变量活塞上下两端油压力相等，但下端面积大而上端面积小，在液压力的差值作用下变量活塞向上移动，从而使缸体 1 的摆角变小，减小泵的流量，实现变量的目的。与此同时，套在导杆上的大小弹簧也受到压力，该压力通过导杆作用于先导活塞上，使先导活塞下端受到的力与上端的液压力相平衡，导杆对控制阀芯的压力减小，使控制阀芯上移，直到阀套径向孔被关闭，于是变量活塞就固定在某一个位置上。反之，当负载压力减小时，调

节弹簧通过作用于控制阀芯、导杆传到活塞上的压力大于先导活塞上端的压力时，控制阀芯在调节弹簧的作用下向上移动，将变量活塞大腔的控制油与低压腔沟通，变量活塞小端压力高而大端压力低，变量活塞又在液压力的差值作用下向下移动，通过拨销使缸体与主轴之间的摆角增大，流量增大。同时，大小弹簧对先导活塞的压力减小，先导活塞在上面压力的作用下又推动导杆和控制阀芯下移，直到与调节弹簧力相平衡，这时变量活塞又在某一位置处于新的平衡状态。因此，这种变量方式是使流量随着压力的变化而自动作相应的变化，可以大致保持流量与压力的乘积不变，即所谓恒功率变量。

与斜盘式泵相比较，斜轴式泵由于柱塞和缸体所受的径向作用力较小，允许的倾角较大，所以变量范围较大。一般斜盘式泵的最大倾角为 $20°$ 左右，而斜轴式泵的最大倾角可达 $40°$。由于靠摆动缸体来改变流量，故其体积和变量机构的惯量较大，变量机构动作的响应速度较低。

3.4.3　径向柱塞泵

(1) 工作原理

径向柱塞泵的工作原理如图 3-27 所示。它主要由定子 1、转子（缸体）2、柱塞 3 和配油轴 4 等组成，柱塞径向均匀布置在转子中，转子和定子之间有一偏心距 e。配油轴固定不动，在轴的上部和下部各有一缺口，此两缺口又分别通过所在部位的两个轴向孔与泵的吸、压油口连通。当转子按图示方向旋转时，上半部的柱塞在离心力的作用下向外伸出，径向孔内的密封工作腔容积逐渐增大，通过配油轴吸油腔吸油；下半部的柱塞因受定子内表面的推压作用而缩回，密封工作腔容积逐渐减小，通过配油轴压油腔压油。**移动定子改变偏心距的大小，就可改变柱塞的行程，从而改变排量。如果改变偏心距的方向，则可改变吸、压油的方向。故径向柱塞泵可以做成单向或双向变量泵。**

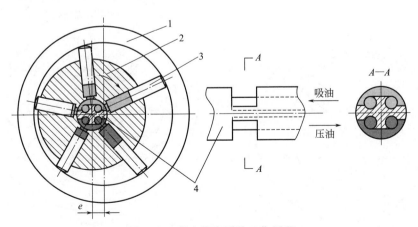

图 3-27　径向柱塞泵的工作原理

1—定子；2—转子；3—柱塞；4—配油轴

（2）径向柱塞泵的排量和流量

柱塞的行程为

$$S=(R+e)-(R-e)=2e$$

泵的排量为

$$V_p=\frac{\pi}{4}d^2 2ez=\frac{\pi}{2}d^2 ez \tag{3-22}$$

泵的实际输出流量为

$$q_p=\frac{\pi}{2}d^2 ezn_p\eta_{pV} \tag{3-23}$$

径向柱塞泵的瞬时流量也是脉动的，与轴向柱塞泵相同，为了减少脉动，柱塞数通常也取奇数。

径向柱塞泵的优点是制造工艺性好（主要配合面为圆柱面），变量容易，工作压力较高，轴向尺寸小，便于做成多排柱塞的形式。其缺点是径向尺寸大，配油轴受有径向不平衡液压力的作用，易磨损，泄漏间隙不能补偿。配油轴中的吸、压油流道的尺寸受到配油轴尺寸的限制不能做大，从而影响泵的吸入性能。

径向柱塞泵的瞬时流量也是脉动的，与轴向柱塞泵相同，为了减少脉动，柱塞数通常也取奇数。

图 3-28 所示的径向柱塞泵，存在柱塞和定子间接触应力大的问题，且径向尺寸较大，比功 pv 值（p 为接触比压，v 为滑动速度）大，从而限制其转速和压力的提高。

图 3-29 所示为改进的径向柱塞泵结构，柱塞 1 通过连杆滑块 2 的底面和定子接触，降低了接触应力，滑块依静压支承原理设计，将柱塞腔中的压力油引入滑块

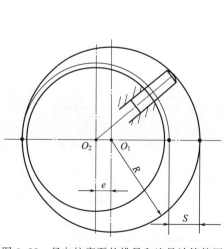

图 3-28 径向柱塞泵的排量和流量计算简图

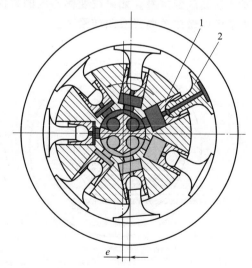

图 3-29 径向柱塞泵的改进结构

1—柱塞；2—连杆滑块

底面，使滑块和定子间形成液体润滑。这样提高了径向柱塞泵的工作压力，达到28MPa以上；而接触比压的降低，在一定的比功下，可使其转速提高。图3-30所示为恒压变量径向柱塞泵的结构图。

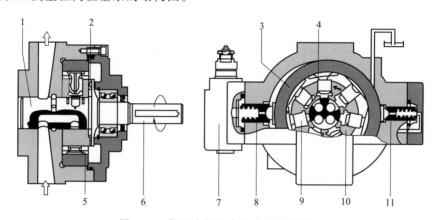

图 3-30　恒压变量径向柱塞泵的结构图

1—配油轴；2—联轴器；3—定子；4—连杆；5—回程环；6—传动轴；7—恒压控制阀；
8—大变量活塞；9—柱塞；10—转子；11—小变量活塞

3.5　液压泵的选择和使用

3.5.1　液压泵的工作特点

❶ 液压泵的工作压力取决于负载情况。若负载为零，则泵的工作压力为零。随着负载的增加，泵的工作压力自动增加。泵的最高工作压力受泵结构强度和使用寿命的限制。为了防止压力过高而使泵损坏，要采取限压措施。

❷ 液压泵的吸油腔压力过低会产生吸油不足，当吸油腔压力低于油液的空气分离压时，将出现气穴现象，造成泵内部分零件的汽蚀，同时产生噪声。因此，除了在泵的结构设计时尽可能减小吸油流道的液阻外，为了保证泵的正常运行，应使泵的安装高度不超过允许值，并且避免吸油滤油器及吸油管路形成过大的压降。

❸ 变量泵可以通过调节排量来改变流量，定量泵只有用改变转速的办法来调节流量。但转速的增高受到泵的吸油能力、使用寿命的限制；转速降低虽然对寿命有利，但会使泵的容积效率降低。所以，应使泵的转速限定在合适的范围内。

❹ 液压泵的输出流量具有一定的脉动。其脉动的程度取决于泵的形式及结构设计参数。为了减少脉动对泵工作的影响，除了从选型上考虑外，必要时可在系统中设置蓄能器以吸收脉动。

3.5.2　液压泵的主要性能和选用

表3-2列出了各类液压泵的主要性能。使用时应根据所要求的实际工作情况和液压泵的性能合理地进行选择。

表 3-2　各类液压泵的主要性能和选用

项　目	齿轮泵	双作用叶片泵	单作用叶片泵	轴向柱塞泵	径向柱塞泵
工作压力/MPa	< 20	6.3~20	≤7	20~35	10~20
流量调节	不能	不能	能	能	能
容积效率	0.70~0.95	0.80~0.95	0.80~0.90	0.90~0.98	0.85~0.95
总效率	0.60~0.85	0.75~0.85	0.70~0.85	0.85~0.95	0.75~0.92
流量脉动率	大	小	中等	中等	中等
对油的污染敏感性	不敏感	敏感	敏感	敏感	敏感
自吸特性	好	较差	较差	较差	差
噪声	大	小	较大	大	较大
应用范围	机床、工程机械、农机、航空、船舶、一般机械	机床、注塑机、起重运输机械、工程机械、航空	机床、注塑机	工程机械、锻压机械、起重运输机械、矿山机械、冶金机械、船舶、航空	机床、液压机、船舶机械

3.5.3　液压泵常见故障的分析和排除方法

　　液压泵是液压系统的心脏,它一旦发生故障就会立即影响系统的正常工作。液压泵常见故障的分析和排除方法见表 3-3。

表 3-3　液压泵常见故障的分析和排除方法

序号	故障现象	故 障 原 因	排 除 方 法
1	轴不转动	1.电气或电动机故障 2.溢流阀或单向阀故障而闷油 3.泵轴上的连接键漏装或折断 4.泵内部滑动副因配合间隙过小而卡死 5.油液太脏,泵的吸油腔进入脏物而卡死 6.油温过高使零件热变形	1.检查电气或电动机故障原因并排除 2.检修溢流阀和单向阀,合理调节溢流阀压力值 3.补装新键或更换键 4.拆开检修,按要求选配间隙,使配合间隙达到要求 5.过滤或更换油液,拆开清洗并在吸油口安装吸油过滤器 6.检查冷却器的冷却效果和油箱油量
2	噪声大	1.吸油位置太高或油箱液位过低 2.过滤器或吸油管部分被堵或通过面积小 3.泵或吸油管密封不严 4.泵吸入腔通道不畅 5.油的黏度过高 6.油箱空气滤清器气孔被堵 7.泵的轴承或内部零件磨损严重 8.泵的结构设计不佳,困油严重 9.吸入气泡 10.泵安装不良,泵与电动机同轴度差	1.降低泵的安装高度或加油至液位线 2.清洗滤芯或吸油管,更换合适的过滤器或吸油管 3.检查连接处和结合面的密封性,并紧固 4.拆泵清洗检查 5.检查油质,按要求选用油的黏度 6.清洗通气孔 7.拆开修复或更换 8.改进设计,消除困油现象 9.进行空载运转,排除空气;吸油管与回油管隔开一定距离,使回油管口插入油面下一定的深度 10.重新安装,达到安装技术要求

序号	故障现象	故 障 原 因	排 除 方 法
3	不吸油	1.泵轴反转 2.见本表序号2中1～5 3.泵的转速太低 4.变量泵的变量机构失灵 5.叶片泵叶片未伸出,卡死在转子的槽内	1.纠正转向 2.见本表序号2中1～5 3.控制在规定的最低转速以上使用 4.拆开检查、调整、修配或更换 5.拆开清洗,合理选配间隙,检查油质,过滤或更换油液
4	输油不足或压力升不高	1.泵滑动零件严重磨损 2.装配间隙过大,叶片和转子反装等造成的装配不良 3.用错油液或油温过高造成油的黏度过低 4.电动机有故障或驱动功率过小 5.泵排量选得过大或压力调得过高造成驱动功率不足	1.拆开清洗、修理或更换 2.重新装配,达到技术要求 3.更换油液,找出油温过高的原因,提出降温措施 4.检查电动机并排除故障,核算驱动功率 5.重新计算匹配压力、流量和功率,使之合理
5	压力和流量不稳定	1.吸油过滤器部分堵塞 2.吸油管伸入油面较浅 3.油液过脏,个别叶片被卡住或伸出困难 4.泵的装配不良(个别叶片在转子槽内间隙过大或过小,或个别柱塞与缸体孔配合间隙过大) 5.泵结构不佳,困油严重 6.变量机构工作不良	1.清洗或更换过滤器 2.适当加长吸油管长度 3.过滤或更换油液 4.修配后使间隙达到要求 5.改进设计,消除困油现象 6.拆开清洗、修理,过滤或更换油液

习 题

1.液压泵的实际流量比理论流量（　　），液压马达实际流量比理论流量（　　）。

2.变量泵是指（　　）可以改变的液压泵,常见的变量泵有（　　）、（　　）、（　　）,其中（　　）和（　　）是通过改变转子和定子的偏心距来实现变量,（　　）是通过改变斜盘倾角来实现变量。

3.外啮合齿轮泵位于轮齿逐渐脱开啮合的一侧是（　　）腔,位于轮齿逐渐进入啮合的一侧是（　　）腔。

4.液压泵完成吸油和压油,须具备什么条件?

5.液压泵的工作压力取决于什么?泵的工作压力和额定压力有何区别,两者的关系如何?

6.什么是齿轮泵的困油现象?有何危害?如何解决?

7.说明叶片泵的工作原理。试述单作用叶片泵和双作用叶片泵各有什么优缺点。

8.为什么双作用叶片泵的叶片数取偶数，而单作用叶片泵的叶片数取奇数？

9.齿轮泵和叶片泵的压力提高主要受哪些因素的影响？说明提高齿轮泵和叶片泵压力的方法。

10.限压式变量叶片泵的限定压力和最大流量如何调节？为限压式变量叶片泵选配电机时，应根据什么工况进行计算？

11.为什么轴向柱塞泵适用于高压？

12.为什么轴向柱塞泵多采用 7 或 9 个柱塞？

13.轴向柱塞泵在启动前为什么要向壳体内灌满液压油？

14.从各类液压泵的结构特点上说明，为什么齿轮泵的自吸能力最好？

15.有一液压泵，其排量 $V_p = 10\text{mL/r}$，在工作压力 $p = 6\text{MPa}$，转速 $n_p = 1450\text{r/min}$ 时，输出流量 $q_p = 13.5\text{L/min}$，求这台泵的容积效率为多少？

16.有一液压泵，其工作压力 $p = 20\text{MPa}$，实际输出流量 $q_p = 60\text{L/min}$，容积效率 $\eta_{pV} = 0.93$，机械效率 $\eta_{pm} = 0.9$，求驱动该泵的电机功率应为多少？

第4章

液压执行元件

> 液压执行元件包括液压缸和液压马达。它们都是将压力能转换成机械能的能量转换装置。液压马达输出旋转运动，液压缸输出直线运动（其中包括输出摆动运动）。

4.1 液压马达概述

4.1.1 液压马达的特点与分类

从能量转换的观点来看，液压泵与液压马达是可逆工作的液压元件，向任何一种液压泵输入工作液体，都可使其变成液压马达工况；反之，当液压马达的主轴由外转矩驱动旋转时，也可变为液压泵工况。因为它们具有同样的基本结构要素——密封而又可以周期变化的工作容积和相应的配油机构。

但是，由于液压马达和液压泵的工作条件不同，对它们的性能要求也不一样，所以同类型的液压马达和液压泵之间，仍存在许多差别。首先，液压马达应能够正、反转，因而要求其内部结构对称；液压马达的转速范围需要足够大，特别对它的最低稳定转速有一定的要求。因此，它通常都采用滚动轴承或静压滑动轴承。其次，液压马达由于在输入压力油条件下工作，因而不必具备自吸能力，但需要一定的初始密封性，才能提供必要的启动转矩。由于存在着这些差别，使得许多同类型的液压马达和液压泵虽然在结构上相似，但不能可逆工作。

液压马达按其排量是否可以调节，可分成定量马达和变量马达；按其结构类型可分为齿轮式、叶片式和柱塞式等形式。液压马达的图形符号如图4-1所示。

液压马达也可以按其额定转速分为高速和低速两大类。额定转速高于500r/min的属于高速液压马达，额定转速低于500r/min的属于低速液压马达。

高速液压马达的基本形式有齿轮式、叶片式和轴向柱塞式等。它们的主要特点是转速较高、转动惯量小、便于启动和制动、调节（调速及换向）方便。通常高速液

(a) 单向定量马达　　(b) 双向定量马达　　(c) 单向变量马达　　(d) 双向变量马达

图 4-1　液压马达的图形符号

压马达输出转矩不大（仅几十牛·米到几百牛·米），所以又称为高速小转矩液压马达。

低速液压马达的基本形式是径向柱塞式，此外在轴向柱塞式、叶片式和齿轮式中也有个别低速的结构形式，低速液压马达的主要特点是排量大、体积大、转速低（有时可达每分钟几转甚至零点几转），因此可直接与工作机构连接，不需要减速装置，使传动机构大为简化，通常低速液压马达输出转矩较大（可达几千牛·米到几万牛·米），所以又称为低速大转矩液压马达。

4.1.2　液压马达的主要性能参数

(1) 工作压力和额定压力

液压马达入口油液的实际压力称为马达的工作压力。马达入口压力和出口压力的差值称为马达的工作压差，用 Δp 表示。马达的工作压力取决于它所驱动的负载转矩，负载转矩大，马达的工作压力高；负载转矩小，马达的工作压力低。

马达在正常工作条件下，按试验标准规定的连续运转的最高工作压力称为马达的额定压力。与泵相同，马达的额定压力亦受其结构强度和泄漏的制约，超过此值时就会过载。

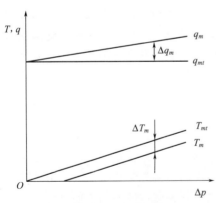

图 4-2　液压马达流量、转矩与工作压差的关系

(2) 排量和流量

马达轴每转一周，由其密封容积几何尺寸变化计算而得的液体体积称为马达的排量。用 V_m 表示。

输入给马达的流量称为马达的实际流量，用 q_m 表示。为形成指定转速，马达密封容积变化所需要的流量称为马达的理论流量，用 q_{mt} 表示。实际流量和理论流量与工作压差的关系如图 4-2 所示。实际流量与理论流量的差值即为马达的泄漏量，即 $\Delta q_m = q_m - q_{mt}$。

(3) 容积效率和转速

因马达的实际输入流量大于理论流量，其容积效率

$$\eta_{mV} = \frac{q_{mt}}{q_m} = \frac{q_{mt}}{q_{mt} + \Delta q_m} = \frac{1}{1 + \dfrac{\Delta q_m}{q_{mt}}} \tag{4-1}$$

马达的输出转速 n_m 等于理论流量 q_{mt} 与排量 V_m 的比值，即

$$n_m = \frac{q_{mt}}{V_m} = \frac{q_m \eta_{mV}}{V_m} \tag{4-2}$$

（4）机械效率和转矩

马达的理论转矩 T_{mt} 有与泵相似的表达形式。

$$T_{mt} = \frac{\Delta p V_m}{2\pi} \tag{4-3}$$

因马达实际存在机械损失，故实际输出转矩总小于理论转矩，它的机械效率为

$$\eta_{mm} = \frac{T_m}{T_{mt}} = \frac{T_{mt} - \Delta T_m}{T_{mt}} = 1 - \frac{\Delta T_m}{T_{mt}} \tag{4-4}$$

式中　ΔT_m——马达的转矩损失。

马达的实际输出转矩为

$$T_m = T_{mt}\eta_{mm} = \frac{V_m \Delta p}{2\pi}\eta_{mm} \tag{4-5}$$

液压马达的理论转矩、实际输出转矩与工作压差的关系见图 4-2。

（5）功率和总效率

马达的输入功率 P_{mi} 为

$$P_{mi} = \Delta p q \tag{4-6}$$

马达的输出功率 P_{mo} 为

$$P_{mo} = 2\pi n_m T_m \tag{4-7}$$

马达的总效率 η_m 为

$$\eta_m = \frac{P_{mo}}{P_{mi}} = \frac{2\pi n_m T_m}{\Delta p q_m} = \frac{2\pi n_m T_m}{\Delta p \dfrac{V_m n_m}{\eta_{mV}}} = \frac{T_m}{\dfrac{\Delta p V_m}{2\pi}}\eta_{mV} = \eta_{mm}\eta_{mV} \tag{4-8}$$

由上式可见，液压马达的总效率亦同于液压泵，它等于机械效率与容积效率的乘积。液压马达的容积效率、机械效率和总效率的关系曲线如图 4-3 所示。

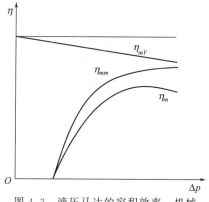

图 4-3　液压马达的容积效率、机械
效率和总效率的关系曲线

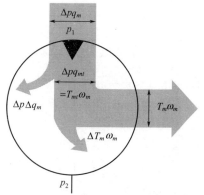

图 4-4　液压马达的功率流程

从式(4-2)、式(4-5) 可以看出，对于定量马达，V_m 为定值，在 q_m 和 Δp 不变的情况下，输出转速 n_m 和转矩 T_m 皆不变；对于变量马达，V_m 的大小可以调节，因而它的输出转速 n_m 和转矩 T_m 是可以改变的。在 q_m 和 Δp 不变的情况下，若使 V_m 增大，则 n_m 减小，T_m 增大。

液压马达的功率流程如图 4-4 所示。$\Delta T_m \omega_m$ 是与机械损失相对应的功率损失，$\Delta p q_m$ 是与容积损失相对应的功率损失。

4.2 高速马达

4.2.1 齿轮马达

如果将液压油输入齿轮泵，则压力油作用在齿轮上的扭矩将使齿轮回转，并可在齿轮轴上输出一定的转矩，这时齿轮泵就成为齿轮马达了。

齿轮马达产生转矩的工作原理，如图 4-5 所示。图中 P 是两个齿轮的啮合点。由 P 点到两齿轮齿根的距离分别是 a 和 b。当压力油输入到齿轮马达的右侧油口时，此油口为进油口，处于进油腔的所有齿轮均受到压力油的作用。当压力油作用在齿面上时，将在每个齿轮上都受到方向相反的两个切向力作用，由于 a 和 b 值都比齿高 h 小，因此，在两齿轮上分别作用着不平衡力 $pB(h-a)$ 和 $pB(h-b)$，其中 p 为工作压力，B 为齿宽。在上述不平衡力的作用下，两齿轮就会按图 4-5 中所示的方向旋转，并将油液带到排油口排出。齿轮马达产生的转矩与齿轮旋转方向一致，所以齿轮马达能输出转矩和转速。当压力油输入到齿轮马达的左侧油口时，马达反向旋转。

4.2.2 叶片马达

叶片马达的结构通常是双作用定量马达，如图 4-6 所示。当压力油输入到进油腔后，在叶片 1、3、5、7 上，一面作用有压力油，另一面则为排油腔的低压油，由于叶片 1、5 受力面积大于叶片 3、7，从而由叶片受力差构成的转矩推动转子做顺时针方向旋转。改变压力油的输入方向，马达反向旋转。

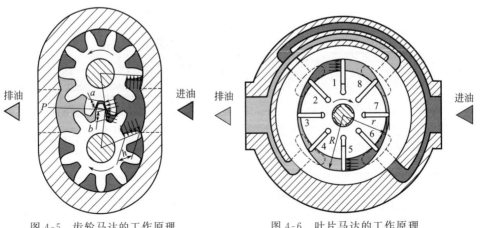

图 4-5　齿轮马达的工作原理　　　图 4-6　叶片马达的工作原理

为使叶片马达正常工作，其结构与叶片泵有一些重要区别。根据液压马达有双向旋转的要求，叶片马达的叶片既不前倾也不后倾，而是径向放置。叶片应始终紧贴定子内表面，以保证正常启动，因此，在吸、压油腔通入叶片根部的通路上应设置单向阀，保证叶片底部总能与压力油相通，此外还在叶片底部另设特殊结构的弹簧（常用翘形扭力弹簧），使叶片始终处于伸出状态，保证初始密封。

叶片马达的转子惯性小，动作灵敏，可以频繁换向，但泄漏量较大，不宜在低速下工作。因此叶片马达一般用于转速高、转矩小、动作要求灵敏的场合。

4.2.3 轴向柱塞马达

轴向柱塞马达常用的结构形式有斜盘式和斜轴式两种。图 4-7 所示为斜盘式轴向柱塞马达的工作原理，当压力油输入马达时，处于进油腔的柱塞被顶出，压在斜盘上。设斜盘作用在某一柱塞上的反力为 F，F 可分解为两个方向的分力 F_x 和 F_y。其中，水平分力 F_x 与作用在柱塞后端的液压力相平衡，其值为 $F_x = \frac{\pi}{4} d^2 p$；

垂直分力 F_y 使缸体产生转矩，其值为 $F_y = F_x \tan\gamma = \frac{\pi}{4} d^2 p \tan\gamma$。

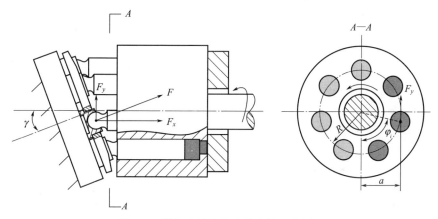

图 4-7　斜盘式轴向柱塞马达的工作原理

由图可知，此一个柱塞产生的瞬时转矩为

$$T_i = F_y a = F_y R \sin\varphi_i = \frac{\pi}{4} d^2 pR \tan\gamma \sin\varphi_i \tag{4-9}$$

式中　d——柱塞直径；

　　　R——柱塞在缸体中的分布圆半径；

　　　p——马达的工作压力；

　　　γ——斜盘倾角；

　　　φ_i——柱塞的瞬时方位角。

液压马达的输出转矩，等于处在马达进油腔半周内各柱塞瞬时转矩 T_i 的总和。由于柱塞的瞬时方位角 φ_i 是变量，T_i 值则按正弦规律变化，所以液压马达输出的转矩是脉动的。液压马达的平均转矩可按式(4-5)计算。

当马达的进、回油口互换时，马达将反向转动。当改变斜盘倾角 γ 时，马达的排量便随之改变，从而可以调节输出转速或转矩。

4.3　低速马达

低速液压马达基本形式有曲轴连杆式、内曲线多作用式，此外还有摆线式、轴向钢球多作用式等。低速马达的主要特点是排量大、输出转矩大、转速低，有的低到每分钟几转甚至零点几转，因此能直接与工作机构连接，不需要减速装置，使传动机构大大简化。输出相同转矩时，低速马达与采用齿轮减速传动的高速马达相比重量要轻得多。此外低速液压马达具有较高的启动效率，因而广泛地应用于工程机械、船舶、冶金、采矿、起重以及塑料加工机械等方面。

4.3.1　曲轴连杆式径向柱塞马达

曲轴连杆式径向柱塞马达是应用较早的一种单作用低速大转矩马达。这类马达结构简单、制造容易、价格较低，但体积和重量较大，扭矩脉动较大。目前这类马达额定工作压力为 21MPa，最低稳定转速在 10r/min 以下。

图 4-8 是曲轴连杆式径向柱塞马达的工作原理图。壳体 1 内沿径向均匀布置了五个（或七个）柱塞缸，形成星形壳体。缸内装有柱塞 2，柱塞中心是球窝，与连杆 3 的球头铰接。连杆大端做成鞍形圆柱面，紧贴在曲轴 4 的偏心轮上（圆心为 O_2，它与曲轴旋转中心 O_1 的偏心距为 $O_1O_2=e$）。5 是液压马达的配油轴，它是通过十字接头与曲轴连接在一起。曲轴（输出轴）转动时，配油轴随着曲轴一起转动。

压力油经过配油轴的通道，由配油轴颈上的配油窗口分配到对应的柱塞缸（图中的缸四、五顶部），使柱塞受到压力油的作用，其余的柱塞缸，有的处于过渡状态（图中的缸一），有的和排油窗口接通（图中的缸二、三），因此没有压力油的作用。压力油产生的液压力作用于柱塞顶部，并通过连杆传递到曲轴的偏心轮上。例如柱塞缸五作用在

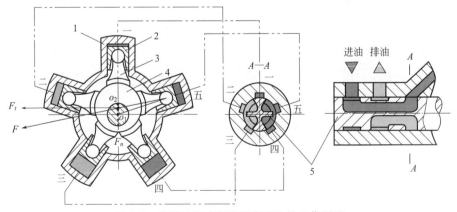

图 4-8　曲轴连杆式径向柱塞马达的工作原理

1—壳体；2—柱塞；3—连杆；4—曲轴；5—配油轴

偏心轮上的力为 F，这个力的方向沿着连杆的中心线，指向偏心轮的中心 O_2。作用力 F 可分解为两个力：法向力 F_n（力的作用线和连心线 O_1O_2 重合）和切向力 F_t。切向力 F_t 对于曲轴的旋转中心 O_1 产生转矩，使曲轴绕其中心 O_1 逆时针旋转。柱塞缸四也与此相似，只是由于它相对于主轴的位置不同，所以产生转矩的大小与缸五不同，使曲轴旋转的总转矩等于与压油窗口相通的柱塞缸所产生的转矩之和。

随着曲轴旋转，配油轴也跟着转动，使配油状态发生变化。由于配油轴颈过渡密封间隔的方位和曲轴的偏心方向一致，并且同时旋转，所以配油轴颈的进油窗口始终对着偏心方向的一边（如图中的右边）的两个或三个柱塞缸；排油窗口对着偏心方向的另一边（如图中的左边）的其余柱塞缸。使进油窗口和排油窗口分别依次地与各柱塞腔接通，从而保证了曲轴的连续旋转。

将马达的进、排油口对换，可实现马达的反转。

以上讨论的是壳体固定、曲轴旋转的情况。如果将曲轴固定，进、排油管直接接到配油轴上，就能达到外壳旋转的目的。外壳旋转的马达用来驱动车轮、卷筒等装置，使整体结构更加紧凑（如将壳转马达装入车轮或卷筒内）。

图 4-9 是曲轴连杆式径向柱塞马达的结构图。壳体 6 上有径向布置的柱塞缸孔（5 或 7 个），柱塞 5 通过连杆 4 安放在曲轴 8 的偏心轮上，配油轴 1 通过十字接头与曲轴同步旋转。配油轴 1 上开有配油窗口 2；连杆 4 的底面加工出静压油室，并经连杆 4 的中心孔（孔中装有节流器 3）引入压力油，使连杆处于静压平衡状态，既保证良好的密封，又减少了连杆底面与偏心轮外圆表面之间的磨损。

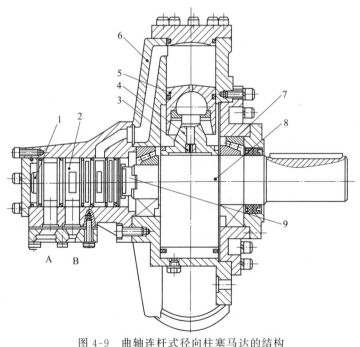

图 4-9　曲轴连杆式径向柱塞马达的结构

1—配油轴；2—配油窗口；3—节流器；4—连杆；5—柱塞；6—壳体；7—轴承；8—曲轴；9—十字接头

4.3.2 多作用内曲线径向柱塞马达

在低速大转矩马达中，多作用内曲线径向柱塞马达（以下简称内曲线马达）是一种比较主要的结构形式。它具有结构紧凑、传动转矩大、低速稳定性好、启动效率高等优点，因而得到广泛的应用。

(1) 内曲线马达的工作原理

图 4-10 所示为内曲线马达工作原理。它由定子 1、转子 2、柱塞组 3 和配油轴 4 等主要部件组成。定子（凸轮环）1 的内表面由 X 个（图中 $X=6$）均匀分布的形状完全相同的曲面组成，每一个曲面又可分为对称的两边，其中柱塞组向外伸的一边称为工作段（进油段），与它对称的另一边称为回油段。每个柱塞在马达一转中往复次数就等于定子曲面数 X，故称 X 为该马达的作用次数。

转子（缸体）2 沿其径向均匀分布 z 个柱塞缸孔，每个缸孔的底部有一配油孔，并与配油轴 4 的配油窗口相通。

配油轴 4 上有 $2X$ 个均布的配油窗口，其中 X 个窗口与压力油相通，另外 X 个窗孔与回油孔道相通，这 $2X$ 个配油窗口分别与 X 个定子曲面的工作段和回油段的位置相对应。

柱塞组 3 由柱塞、横梁和滚轮（图 4-11）组成，作用在柱塞底部上的液压力经横梁和滚轮传递到定子的曲面上。

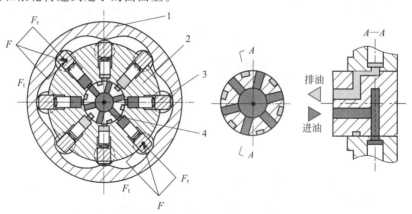

图 4-10 内曲线马达的工作原理
1—定子（凸轮环）；2—转子（缸体）；3—柱塞组；4—配油轴

当压力油进入配油轴，经配油窗口进入处于工作段的各柱塞缸孔中，使相应的柱塞组顶在定子曲面上，在接触处定子曲面给予柱塞组一反力 F，此反力 F 是作用在定子曲面与滚轮接触处的公法面上，此法向反力 F 可分解为径向力 F_r 和切向力 F_t，径向力 F_r 与柱塞底面的液压力相平衡，而切向力 F_t 则通过横梁的侧面传递给转子，驱使转子旋转。在这种工作状况下，定子和配油轴是不转的。此时，对应于定子曲面回油区段的柱塞做反方向运动，通过配油轴将油液排出。当柱塞组 3 经定子曲面工作段过渡到回油段的瞬间，供油和回油通道被封闭。为了使转子能连续运转，内曲线马达在任何瞬间都必须保证有柱塞组处在进油段工作，因此，作用次数 X 和柱塞数 z 不能相等。

柱塞组3每经过定子的一个曲面，往复运动一次，进油和回油交换一次。当马达进出油方向对调时，马达将反转。若将转子固定，则定子和配油轴将旋转，成为壳转形式，其转向与前者（轴转）相反。

(2) 内曲线马达的排量

$$V_m = \frac{\pi}{4} d^2 sXYz \tag{4-10}$$

式中　d——柱塞直径；

　　　s——柱塞行程；

　　　X——作用次数；

　　　Y——柱塞的排数；

　　　z——单排柱塞数。

通过理论分析可知，只要合理选择定子曲面的曲线形式及与其相适应的作用次数和柱塞数，理论上可以做到瞬时转矩无脉动。因此，内曲线马达的低速稳定性好，最低稳定转速可达 1r/min。

图4-11所示为一种双排柱塞的内曲线马达的结构。

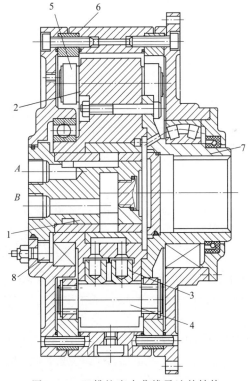

图4-11　双排柱塞内曲线马达的结构

1—配油轴；2—转子；3—柱塞；4—横梁；5—滚轮；6—定子；7—输出轴；8—微调螺钉

4.3.3 摆线内啮合齿轮马达

摆线内啮合齿轮马达又称摆线转子马达，摆线内啮合齿轮马达与摆线内啮合齿轮泵的主要区别是外齿圈固定不动，成为定子（图 4-12）。摆线转子 7 在啮合过程中，一方面绕自身轴线自转，另一方面绕定子 6 的轴线反向公转，其速比 $i = -\dfrac{1}{Z_1}$，Z_1 为摆线转子的齿数。摆线转子公转一周，每个齿间密封容积各完成一次进油和排油，同时摆线转子自转一个齿。所以摆线转子需要绕定子轴线公转 Z_1 圈，才能使自身转动一周。因摆线转子公转一周，每个齿间密封容积完成一次进油和排油过程，其排量为 q，由摆线转子带动输出轴转一周时的排量等于 $Z_1 q$。在同等排量的情况下比较，此种马达体积更小，重量更轻。

由于外齿圈固定而摆线转子既要自转又要公转，所以此马达的配油装置和输出机构也有其自身的特色。如图 4-12 所示，壳体 3 内有七个孔 c，经配油盘 5 上相应的七个孔接通定子的齿底容腔。而配油轴与输出轴做成一体。在输出轴上有环形槽 a 和 b，分别与壳体上的进、出油口相通。轴上开设十二条纵向配油槽，其中六条与槽 a 相通，六条与槽 b 相通，它们在圆周上按高、低压相间布置，并和转子的位置保持严格的相位关系，使得半数（三个或四个）齿间容积与进油口相通，其余的与排油口相通。当进油口输入压力油时，转子在压力油的作用下，沿着使高压齿间容积扩大的方向转动。

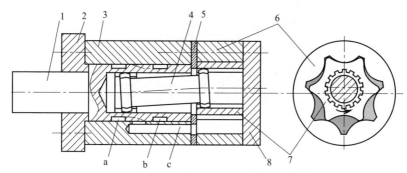

图 4-12　摆线转子马达的工作原理
1—输出轴定子；2—前端盖转子；3—壳体；4—双球面花键
联动轴；5—配油盘；6—定子；7—转子；8—后端盖

转子的转动通过双球面花键联动轴 4 带动配油轴（也是输出轴）同步旋转，保证了配油槽与转子间严格的相位关系，使得转子在压力油的作用下能够带动输出轴不断地旋转。

图 4-13 所示为摆线转子马达的配油原理。

以上介绍的轴配油式摆线马达的主要缺点是效率低，最高工作压力在 8～12MPa。而采用端面配油方式的摆线马达，其容积效率有所提高，最高工作压力达21MPa。具体结构如图 4-14 所示。其中转子转动时通过右双球面花键联动轴 3 带

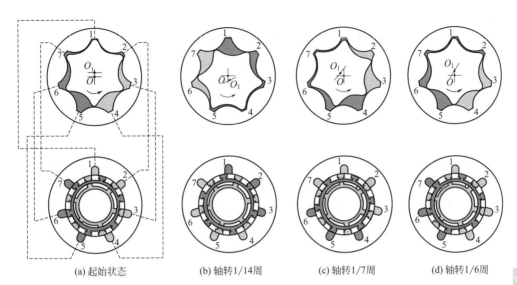

(a) 起始状态   (b) 轴转1/14周   (c) 轴转1/7周   (d) 轴转1/6周

图 4-13 摆线转子马达的配油原理

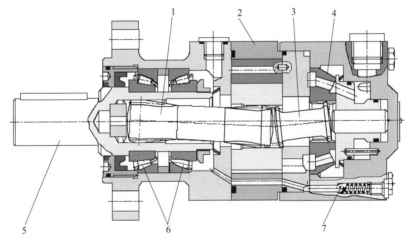

图 4-14 端面配油式摆线转子马达的结构

1—左双球面花键联动轴；2—定子；3—右双球面花键联动轴；
4—配油盘；5—输出轴；6—轴承；7—单向阀

动配油盘 4 同步旋转，实现端面配油。

4.4 液压缸

  液压缸是液压系统中的执行元件，它是一种把液体的压力能转变为直线往复运动机械能的装置。它可以很方便地获得直线往复运动和很大的输出力，结构简单、工作可靠，制造容易，因此应用广泛，是液压系统中最常用的执行元件。

Chapter 1
Chapter 2
Chapter 3
Chapter 4
Chapter 5
Chapter 6
Chapter 7
Chapter 8
Chapter 9

4.4.1　液压缸的类型和特点

液压缸按其作用方式可分为单作用液压缸和双作用液压缸两大类。单作用液压缸利用液压力推动活塞向一个方向运动，而反向运动则靠外力实现。双作用液压缸则是利用液压力推动活塞做正反两方向的运动，这种形式的液压缸应用最多。双作用液压缸可分为单活塞杆和双活塞杆两种形式，双活塞杆液压缸在机床液压系统中采用较多，单活塞杆液压缸广泛应用于各种工程机械中。

液压缸按结构特点的不同可分为活塞缸、柱塞缸和摆动缸三类，活塞缸和柱塞缸用以实现直线运动，输出推力和速度；摆动缸（或称摆动马达）用以实现小于 360°的转动，输出转矩和角速度。

(1) 活塞缸

活塞缸可分为双活塞杆式和单活塞杆式两种结构，其固定方式有缸体固定和活塞杆固定两种。

❶ 双活塞杆缸　图 4-15 所示为双活塞杆缸的结构原理图。其活塞的两侧都有伸出杆，当两活塞杆直径相同，缸两腔的供油压力和流量都相等时，活塞（或缸体）两个方向的运动速度和推力也都相等。因此，这种液压缸常用于要求往复运动速度和负载都相同的场合。

图 4-15(a) 所示为缸体固定的结构原理图。当缸的左腔进压力油，右腔回油时，活塞带动工作台向右移动；反之，右腔进压力油，左腔回油时，活塞带动工作台向左移动。工作台的运动范围略大于缸有效行程的 3 倍。

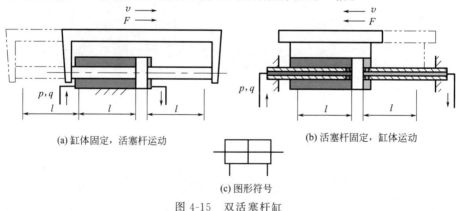

(a) 缸体固定，活塞杆运动　　　　　(b) 活塞杆固定，缸体运动

(c) 图形符号

图 4-15　双活塞杆缸

图 4-15(b) 所示为活塞杆固定的结构原理图。液压油经空心活塞杆的中心孔及靠近活塞处的径向孔进、出液压缸。当缸的左腔进压力油，右腔回油时，缸体带动工作台向左移动；反之，右腔进压力油，左腔回油时，缸体带动工作台向右移动。其运动范围略大于缸有效行程的两倍。在有效行程相同的情况下，其所占空间比缸体固定的要小。

双活塞杆缸的推力和速度按下式计算（设回油压力为零）。

$$F = Ap = \frac{\pi}{4}(D^2 - d^2)p \qquad (4\text{-}11)$$

$$v = \frac{q}{A} = \frac{4q}{\pi(D^2 - d^2)} \qquad (4\text{-}12)$$

式中　A——液压缸有效工作面积；

　　　F——液压缸的推力；

　　　v——活塞（或缸体）的运动速度；

　　　p——进油压力；

　　　q——进入液压缸的流量；

　　　D——液压缸内径；

　　　d——活塞杆直径。

❷ 单活塞杆缸　图 4-16 所示为单活塞杆缸原理图。其活塞的一侧有伸出杆，两腔的有效工作面积不相等。当向缸两腔分别供油，且供油压力和流量相同时，活塞（或缸体）在两个方向的推力和运动速度不相等。

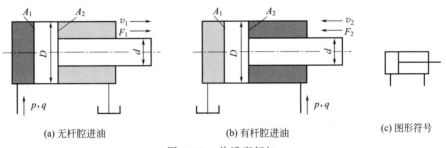

(a) 无杆腔进油　　　　　(b) 有杆腔进油　　　　　(c) 图形符号

图 4-16　单活塞杆缸

当无杆腔进压力油，有杆腔回油 [图 4-16(a)] 时，不计回油压力，活塞推力 F_1 和运动速度 v_1 分别为

$$F_1 = A_1 p = \frac{\pi}{4}D^2 p \qquad (4\text{-}13)$$

$$v_1 = \frac{q}{A_1} = \frac{4q}{\pi D^2} \qquad (4\text{-}14)$$

式中　A_1——无杆腔有效工作面积。

当有杆腔进压力油，无杆腔回油 [图 4-16(b)] 时，不计回油压力，活塞推力 F_2 和运动速度 v_2 分别为

$$F_2 = A_2 p = \frac{\pi}{4}(D^2 - d^2)p \qquad (4\text{-}15)$$

$$v_2 = \frac{q}{A_2} = \frac{4q}{\pi(D^2 - d^2)} \qquad (4\text{-}16)$$

式中　A_2——有杆腔有效工作面积。

比较上面公式可知，$v_1 < v_2$，$F_1 > F_2$。即无杆腔进压力油工作时，推力大，

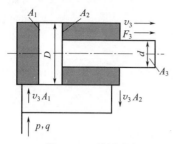

图 4-17 单活塞杆
缸的差动连接

速度低；有杆腔进压力油工作时，推力小，速度高。因此，单杆活塞缸常用于一个方向有较大负载但运行速度较低，另一个方向为空载快速退回运动的设备。如各种金属切削机床、压力机、注塑机、起重机的液压系统即常用单活塞杆缸。

单活塞杆缸两腔同时通入压力油时，如图 4-17 所示，由于无杆腔工作面积比有杆腔工作面积大，活塞向右的推力大于向左的推力，故其向右移动。液压缸的这种连接方式称为差动连接。

差动连接时，活塞的推力 F_3 为

$$F_3 = A_1 p - A_2 p = A_3 p = \frac{\pi d^2}{4} p \qquad (4\text{-}17)$$

设活塞的速度为 v_3，则无杆腔的进油量为 $v_3 A_1$，有杆腔的出油量为 $v_3 A_2$，因而有 $v_3 A_1 = q + v_3 A_2$，故

$$v_3 = \frac{q}{A_1 - A_2} = \frac{q}{A_3} = \frac{4q}{\pi d^2} \qquad (4\text{-}18)$$

式中 A_3——活塞杆的截面积。

比较式(4-14)、式(4-18) 可知，$v_3 > v_1$；比较式(4-13)、式(4-17) 可知，$F_3 < F_1$。这说明在输入流量和工作压力相同的情况下，单杆活塞缸差动连接时能使其速度提高，同时其推力下降。如果要求往复运动速度相等，即 $v_3 = v_2$，由式(4-16)、式(4-18) 知，$A_3 = A_2$，即

$$D = \sqrt{2}\, d \qquad (4\text{-}19)$$

单活塞杆缸不论是缸体固定，还是活塞杆固定，它所驱动的工作台的运动范围都略大于缸有效行程的两倍。

(2) 柱塞缸

柱塞缸是单作用缸，在液压力作用下只能实现单方向运动，它的回程需借助其他外力来实现。图 4-18 所示为其结构原理图，柱塞由缸盖处的导向套导向，与缸体内壁不接触，因而缸体内孔不需要精加工，工艺性好，制造成本低。特别适用于行程长的场合。

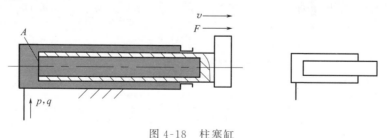

图 4-18 柱塞缸

当柱塞缸垂直安放时，可利用负载的重力实现回程。

当柱塞直径大、行程长且水平安装时，为防止柱塞因自重而下垂，常制成空心柱塞并设置支承套和托架。

在龙门刨床、导轨磨床、大型拉床等大行程设备的液压系统中，为了使工作台得到双向运动，柱塞缸常成对使用，如图 4-19 所示。

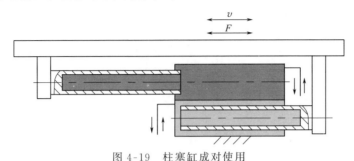

图 4-19　柱塞缸成对使用

(3) 伸缩缸

伸缩缸又称多级缸，图 4-20 所示为伸缩缸的结构原理及图形符号。图 4-20（a）为柱塞式单作用伸缩缸，图 4-20(b) 为活塞式双作用伸缩缸。它们由两级或多级缸套装而成，前一级缸的柱塞（或活塞）是后一级缸的缸筒，柱塞（或活塞）伸出后可获得很长的行程，缩回后可保持很小的安装尺寸。通入压力油时，各级柱塞（或活塞）的伸出按有效工作面积的大小依次先后动作；在输入流量不变的情况下，输出速度逐级增大。

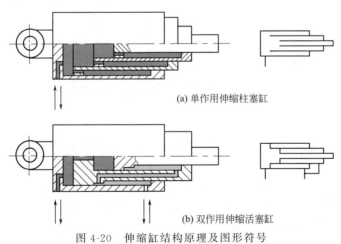

(a) 单作用伸缩柱塞缸

(b) 双作用伸缩活塞缸

图 4-20　伸缩缸结构原理及图形符号

当安装空间受到限制，且行程又比较长时，可采用伸缩缸。

(4) 摆动缸

摆动缸（亦称摆动马达）用于将油液的压力能转变为其输出轴往复摆动的机械能。它有单叶片和双叶片两种形式，图 4-21 所示为它们的工作原理图。它们由定子块 1、叶片 2、摆动轴 3、缸体 4、两端支承盘及端盖（图中未画出）等零件组成。定子块固定在缸体上，叶片与输出轴连为一体。当两油口交替通入压力油时，叶片即带动输出轴做往复摆动。

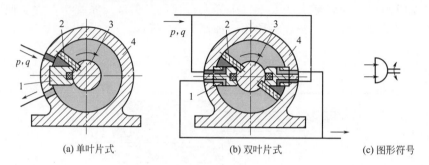

(a) 单叶片式　　　　　　(b) 双叶片式　　　　(c) 图形符号

图 4-21　摆动缸

1—定子块；2—叶片；3—摆动轴；4—缸体

若叶片的宽度为 b，缸的内径为 D，摆动轴直径为 d，叶片数为 z，在进油压力为 p、流量为 q，且不计回油腔压力时，摆动缸输出的转矩 T 和回转角速度 ω 为

$$T = zpb\frac{D-d}{2} \times \frac{D+d}{4} = \frac{zpb(D^2-d^2)}{8} \tag{4-20}$$

$$\omega = \frac{pq}{T} = \frac{8q}{zb(D^2-d^2)} \tag{4-21}$$

单叶片缸的摆动角一般不超过 $280°$，双叶片缸当其他结构尺寸相同时，其输出转矩是单叶片缸的两倍，而摆动角度为单叶片缸的一半（一般不超过 $150°$）。

摆动缸常用于机床的送料装置、间歇进给机构、回转夹具、工业机器人手臂和手腕的回转装置及工程机械回转机构等的液压系统中。

4.4.2　液压缸的结构形式及安装方式

(1) 液压缸的典型结构

图 4-22 所示为一种双作用单活塞杆缸的结构。它由活塞杆 1、活塞 7、缸筒 6、前缸盖 4、后缸盖 9 等主要零件组成。前、后缸盖与缸筒用四根拉杆 8 固定，便于拆装检修。活塞杆 1 与活塞 7 采用螺纹连接。活塞与缸孔的密封采用滑环式组合密封圈（详见 6.5 节），并由导向环 13（用高强度塑料或纤维复合材料制成）定心导向。活塞杆与前缸盖的密封也采用滑环式组合密封圈或采用 Y 形密封圈，防止油液外漏。

(2) 液压缸各部分的结构形式

从上面的例子可以看出，液压缸的结构可分为缸筒和缸盖、活塞和活塞杆以及密封装置三个主要部分。下面介绍这几部分的常用结构形式。

❶ 缸筒和缸盖　缸筒和缸盖的结构形式与缸筒使用的材料有关。缸筒材料通

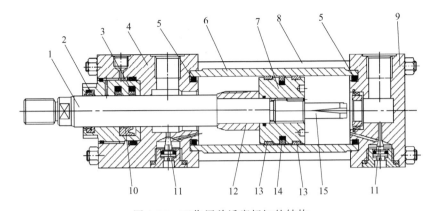

图 4-22　双作用单活塞杆缸的结构

1—活塞杆；2—防尘圈；3—组合密封圈；4—前缸盖；5—O形密封圈；6—缸筒；
7—活塞；8—拉杆；9—后缸盖；10—Y形密封圈；11—缓冲节流阀；12—前缓
冲柱塞；13—导向环；14—组合密封圈；15—后缓冲柱塞

常采用无缝钢管，亦有用锻钢（特大内径）、铸钢（离心铸造）或铸铁（工作压力低于10MPa）等材料制成的缸筒。图4-23所示为常见的缸筒与缸盖的连接形式及其结构。

图4-23(a) 所示为拉杆连接，此结构通用性大，容易加工和装拆，缺点是外形尺寸和质量较大。图4-23(b) 所示为法兰连接，其缸筒与法兰盘焊接，特点是结构简单，便于加工和装拆，但外形尺寸较大。图4-23(d) 为焊接连接（仅用于后缸盖），特点是加工简单、工作可靠，尺寸小，但易产生变形，常将缸盖止口与缸筒内孔的配合选用过渡配合来限制焊接后的变形。图4-23(e) 所示为螺纹连接，优

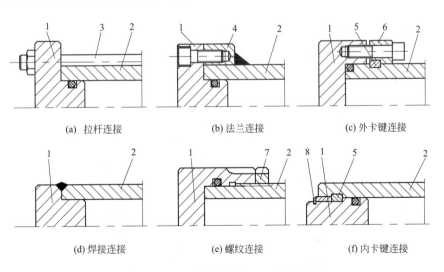

图 4-23　缸筒与缸盖的连接形式及结构

1—缸盖；2—缸筒；3—拉杆；4—法兰；5—卡键；
6—套环；7—锁紧螺母；8—弹簧挡圈

点是外径较小、重量轻，缺点是结构较复杂，工艺性差。图 4-23(c)、(f) 所示为卡键连接，它装拆方便，但环形键槽对缸壁强度有所削弱。

❷ 活塞和活塞杆　活塞一般用耐磨铸铁或钢制成，活塞杆常用 35 钢、45 钢或无缝钢管做成实心或空心杆。活塞和活塞杆之间也有多种连接方式，如图 4-24 所示。

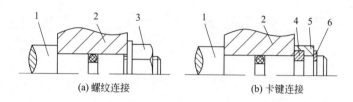

图 4-24　活塞和活塞杆的连接形式及结构

1—活塞杆；2—活塞；3—锁紧螺母；4—卡键；5—套环；6—弹簧挡圈

图 4-24(a) 所示为螺纹连接，特点是连接稳固，可拆换，活塞与活塞杆之间无轴向公差要求；图 4-24(b) 所示为卡键连接，这种连接方式结构简单、拆装方便，但活塞与活塞杆之间有轴向公差要求，而轴向间隙会造成不必要的轴向窜动。

❸ 密封装置　缸筒与缸盖、活塞与活塞杆之间的密封均为固定密封（除焊接式外），常采用 O 形密封圈。

缸盖与活塞杆、活塞与缸筒之间的密封系滑动密封，常用 O 形、Y 形、Y_X 形、V 形以及滑环式组合密封等密封圈。为了清除活塞杆外露部分黏附的尘土，避免缸内油液的污染，缸盖上还设有防尘装置。常用专门的防尘圈来实现。

(3) 液压缸的安装方式

图 4-25 所示为常用的几种液压缸的安装方式，其中底脚型和法兰型，液压缸的轴线在安装后就被固定了，即缸体是固定的，仅活塞杆做往复直线运动；耳环型

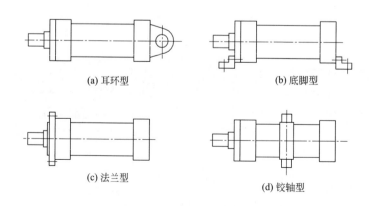

(a) 耳环型　　　　　　　　　(b) 底脚型

(c) 法兰型　　　　　　　　　(d) 铰轴型

图 4-25　液压缸的安装方式

和铰轴型则在活塞杆做往复直线运动的同时，以耳环或铰轴为支点，缸体轴线可以摆动。活塞杆头部与工作机构的连接方式见图 4-26。在实际工程中，究竟选择哪一种安装和连接方式，应根据工作机构的运动形式、安装空间和液压缸的强度等各方面的因素来确定。

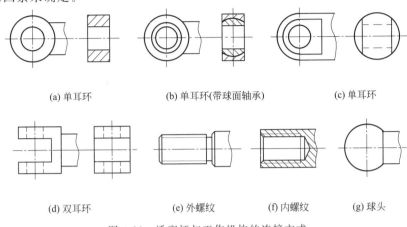

(a) 单耳环　　　(b) 单耳环(带球面轴承)　　　(c) 单耳环

(d) 双耳环　　　(e) 外螺纹　　　(f) 内螺纹　　　(g) 球头

图 4-26　活塞杆与工作机构的连接方式

液压缸的安装和活塞杆的连接必须注意以下几点。

❶ 尽量使活塞杆在受拉状态下承受载荷，或在受压状态下具有良好的纵向稳定性，避免活塞杆承受偏载。

❷ 法兰安装应避免缸体因自重而偏离轴线下垂，必要时可用托架支承。底脚安装不能在两端用键或销定位，只能在一端定位，为的是不致阻碍缸体在热膨胀和受内压时的轴向伸长。当缸体采用耳环或铰轴安装，活塞杆用耳环连接时，各耳轴、耳轴与铰轴的方向必须一致，以保证液压缸在与耳轴、铰轴相垂直的平面内摆动。

❸ 液压缸的进、出油口应向上安装，以利排气。

4.4.3　液压缸常见故障的分析和排除方法

液压缸常见故障的分析及排除方法见表 4-1。

表 4-1　液压缸常见故障的分析和排除方法

故障现象	故障原因	排除方法
运动部件速度达不到或不运动	装配精度或安装精度超差	检查、保证达到规定的安装精度
	活塞密封圈损坏、缸内泄漏严重	更换密封圈
	间隙密封的活塞、缸壁磨损过大，内泄漏多	修研缸内孔，重配新活塞
	缸盖处密封圈摩擦力过大	适当调松压盖螺钉
	活塞杆处密封圈磨损严重或损坏	调紧压盖螺钉或更换密封圈

Chapter 1

Chapter 2

Chapter 3

Chapter 4

Chapter 5

Chapter 6

Chapter 7

Chapter 8

Chapter 9

续表

故障现象	故障原因	排除方法
运动部件产生爬行	活塞式液压缸端盖密封圈压得太死	调整压盖螺钉(不漏油即可)
	液压缸中进入空气未排净	利用排气装置排气; 无排气装置应将油口向上布置安装,在空载下反复动作若干次
运动部件换向有冲击	活塞杆与运动部件连接不牢固	检查并紧固连接螺栓
	不在缸端部换向,缓冲装置不起作用	在油路上设背压阀
冲击声	液压缸缓冲装置失灵	进行检修和调整

习　题

1.下列液压马达中,(　　)为高速马达,(　　)为低速马达。

(A)齿轮马达　　(B)叶片马达　　(C)轴向柱塞马达　　(D)径向柱塞马达

2.液压缸的种类繁多,(　　)可作双作用液压缸,而(　　)只能作单作用液压缸。

(A)柱塞缸　　(B)活塞缸　　(C)摆动缸

3.已知某液压马达的排量 $V_m = 250\text{mL/r}$,液压马达入口压力为 $p_1 = 10.5\text{MPa}$,出口压力 $p_2 = 1.0\text{MPa}$,其总效率 $\eta_m = 0.9$,容积效率 $\eta_{mV} = 0.92$,当输入流量 $q_m = 22\text{L/min}$ 时,试求液压马达的实际转速 n_m 和液压马达的输出转矩 T_m。

4.一液压泵,当负载压力为8MPa时,输出流量为96L/min,压力为10MPa时,输出流量为94L/min,用此泵带动一排量为80mL/r的液压马达,当负载转矩为120N·m时,马达的机械效率为0.94,转速为1100r/min。试求此时液压马达的容积效率。

5.一液压马达,要求输出转矩为52.5N·m,转速为60r/min,马达的排量为105mL/r,求所需要的流量和压力各为多少?(马达的机械效率及容积效率各为0.9)

6.活塞缸和柱塞缸各有哪些特点?

7.图4-27为两个结构相同且相互串联的液压缸,无杆腔的面积 $A_1 = 100 \times 10^{-4}\text{m}^2$,有杆腔面积 $A_2 = 80 \times 10^{-4}\text{m}^2$,缸1输入压力 $p_1 = 9\text{MPa}$,输入流量 $q_1 = 12\text{L/min}$,不计损失和泄漏,求:

① 两缸承受相同负载($F_1 = F_2$)时,该负载的数值及两缸活塞的运动速度。

② 缸2的输入压力是缸1的一半($p_2 = 0.5p_1$)时,两缸各能承受多少负载?

③ 缸1不承受负载($F_1 = 0$)时,缸2能承受多少负载?

8.图4-28为两个结构相同且并联的液压缸,两缸承受负载 $F_1 > F_2$,试确定两活塞的速度 v_1、v_2 和液压泵的出口压力 p_p。

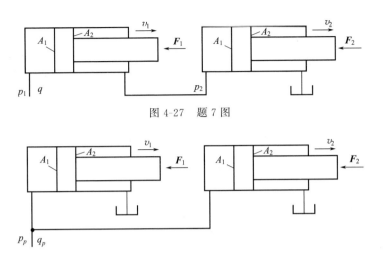

图 4-27　题 7 图

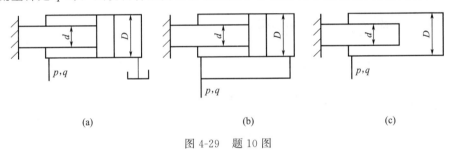

图 4-28　题 8 图

9. 设计一差动液压缸，活塞杆伸出时差动连接，为快进速度；活塞杆缩回时非差动连接，为快退速度。要求：①$v_{快进}$ ＝ $v_{快退}$；②$v_{快进}$＝$2v_{快退}$。求：在不同的速度要求下，活塞面积 A_1 和活塞杆面积 A_3 之比应为多少？

10. 图 4-29 为三个液压缸，其缸筒和活塞杆直径分别是 D 和 d，当输入压力油的流量都是 q 时，试说明各缸筒的移动速度、移动方向和活塞杆的受力情况。

(a)　　　　　　　　　　(b)　　　　　　　　　　(c)

图 4-29　题 10 图

第5章

液压控制元件

在液压系统中，液压控制阀（简称液压阀）是用来控制系统中油液的流动方向，调节系统压力和流量的控制元件，借助于不同的液压阀，经过适当的组合，可以达到控制液压系统的执行元件（液压缸与液压马达）的输出力或力矩、速度与运动方向等的目的。

5.1 液压阀概述

5.1.1 液压阀的分类

❶ 按用途，液压阀可以分为压力控制阀（如溢流阀、顺序阀、减压阀等）、流量控制阀（如节流阀、调速阀等）、方向控制阀（如单向阀、换向阀等）三大类。

❷ 按控制方式，可以分为定值或开关控制阀、比例控制阀、伺服控制阀。

❸ 按操纵方式，可以分为手动阀、机动阀、电动阀、液动阀、电液动阀等。

❹ 按安装形式，可以分为管式连接、板式连接、集成连接等。

液压阀的品种与规格繁多，但各类液压阀之间总还是保持着一些基本的共同点。

❶ 在结构上，所有的阀都是由阀芯、阀体和驱动阀芯动作的元器件组成。

❷ 在工作原理上，所有的阀都是通过改变阀芯与阀体的相对位置来控制和调节液流的压力、流量及流动方向的。

❸ 所有阀中，通过阀口的流量与阀口通流面积的大小、阀口前后的压差有关，它们之间的关系都符合流体力学中的孔口流量公式。

可以说，各类阀在本质上是相同的，仅仅是由于某一特点得到了特殊的发展，才演变出了各种不同类型的阀来。

5.1.2 液压阀的共性问题

圆柱滑阀和锥形阀广泛地应用在各类阀中，它们通过阀芯与阀体孔之间的相对运动达到改变液流的通路及其开口大小，从而控制液压系统中液流的压力和流量的大小以及液流的方向。下面分析液压阀的几个共性问题。

(1) 液流对锥形阀的作用力

图 5-1 为锥形阀，阀的进口压力为 p_1，出口压力为 p_2，进出口压差 $\Delta p = p_1 - p_2$，阀座孔的直径为 d，当阀口关闭时，作用在阀芯上的推力为

$$F_0 = A(p_1 - p_2) \qquad (5\text{-}1)$$

式中　A——阀座孔的面积，$A = \dfrac{\pi d^2}{4}$。

当阀口开启时，阀座孔处的液流速度 $v_1 \ll v_2$（阀口处的液流的速度），依动量方程，液体作用在锥阀芯上的推力为

$$F = A\Delta p - \rho q v_2 \cos\theta \qquad (5\text{-}2)$$

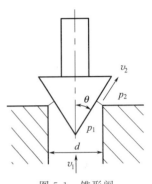

图 5-1　锥形阀

按图示流动情况，此力方向向上。其中稳态液动力 $\rho q v_2 \cos\theta$ 项是负值，故这部分力有使锥阀芯关闭的趋势。稳态液动力的大小与通过阀口的流量成正比。

(2) 液流对滑阀的作用力

很多液压阀采用滑阀式结构，滑阀在阀体中移动，通过改变阀口的启闭、开口的大小来控制液流，同时也产生液动力。作用在阀芯上的液动力有稳态液动力和瞬态液动力两种，液动力对阀的性能有着一定的影响。

❶ 稳态液动力　滑阀上的稳态液动力是在阀芯移动完毕，开口固定之后，液流通过阀口时因动量变化而作用在阀芯上的有着使阀口关小趋势的力。这在前面已做过分析。稳态液动力的大小与通过阀口的流量成正比，因此流量愈大，稳态液动力愈大。稳态液动力对滑阀性能的影响是一方面它加大了操纵滑阀所需的力，另一方面则使滑阀的工作趋于稳定。

❷ 瞬态液动力　瞬态液动力是指滑阀在移动过程中（开口大小发生变化时），流经滑阀的液流的速度改变，导致阀腔中的液流的动量变化而产生的液动力。它只和阀芯移动的速度（即阀口开度的变化率）有关，与阀口开度本身无关。瞬态液动力对滑阀工作稳定性的影响要视具体结构而定，在此不做详细分析。

凡是弹簧对中的换向滑阀，尤其是电磁换向滑阀，要注意换向的可靠性。因为滑阀复位时，还存在着稳态液动力和瞬态液动力的影响。

(3) 滑阀的液压卡紧现象

如果圆柱滑阀阀芯和阀体均是完全精确的圆柱形，而且径向间隙中不存在任何杂质，径向间隙处处相等，当间隙中有油液时，移动阀芯只需克服黏性摩擦力，其

数值是相当小的。而实际上情况并非如此，特别是中、高压系统中，当阀芯停止运动一段时间后（一般约 5min 以后），这个阻力可以大到几百个牛顿，使阀芯重新移动非常困难。这就是所谓的滑阀的液压卡紧现象。

　　引起液压卡紧现象的原因，有的是因为油液中含有杂质进入间隙；有的是因为间隙过小，当油温升高时阀芯膨胀而卡死；但主要的原因是滑阀移动副几何形状误差和同轴度变化所引起的径向不平衡液压力，也称液压卡紧力。

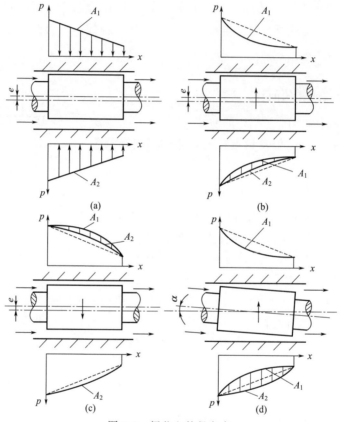

图 5-2　阀芯上的径向力

　　图 5-2 给出了阀芯受径向力的几种情况。图 5-2(a) 表示阀芯和阀孔无几何形状误差，且轴线平行但不重合的情况（存在偏心量 e）。阀芯周围间隙内的压力分布是线性的（图中 A_1、A_2 线所示），且各向相等，因此阀芯上不会出现径向不平衡力；图 5-2(b) 所示为阀芯带有倒锥（锥度大端在高压腔），且阀芯与阀孔的轴线平行但不重合的情况。阀芯受到径向不平衡力的作用（曲线 A_1、A_2 间的阴影部分），方向向上。阀芯在径向液压力的作用下，向上移动，直至与阀孔的表面接触为止，此时径向力达到最大值。图 5-2(c) 所示为阀芯带有顺锥（锥度小端在高压腔），阀芯与阀孔的轴心线平行但不重合的情况。阀芯受到径向不平衡力的作用（图中曲线 A_1、A_2 间的阴影部分），方向向下。阀芯在径向液压力的作用下，向

下移动，偏心减小，最终使阀芯处于四周压力均匀分布的良好状态。图 5-2(d) 所示为阀芯和阀孔无几何形状误差，但阀芯与阀孔的轴线不平行的情况（两轴线相交 α 角）。阀芯也受到径向不平衡力的作用（曲线 A_1、A_2 间的阴影部分），方向向上。

当阀芯受到径向不平衡力作用而和阀孔接触后，缝隙中存留液体被挤出，阀芯与阀孔间的摩擦变成半干摩擦乃至干摩擦，因而使得阀芯重新移动时所需的力增大了许多。

为减小滑阀的径向不平衡力，应严格控制阀芯和阀孔加工和精度，装配时应尽量减小偏心，并尽可能使阀芯成为顺锥。在阀芯的台肩表面开一些平衡径向力的环形均压槽，一般槽的尺寸为：宽 0.3～0.5mm，深 0.5～0.8mm，槽距 1～5mm。开槽后，移动阀芯所需的力将减小。另外，精细过滤油液，保持油液的清洁度也是减小液压卡紧的一个方面。

(4) 液压阀的流量特性

液压阀中，通过阀口的流量一般可用下式表示。

$$q = C_q A_v \sqrt{\frac{2}{\rho} \Delta p} \tag{5-3}$$

式中　C_q——流量系数，它与阀口的形状以及判别流态的雷诺数 Re 有关（滑阀常取 $C_q = 0.65 \sim 0.7$；锥阀在雷诺数 Re 较大时可取 $C_q = 0.78 \sim 0.82$）；

　　　A_v——阀口的通流面积；

　　　Δp——阀口的前后压差。

(5) 液压阀的泄漏特性

锥阀理论上不产生泄漏，如果实际结构存在制造误差，也会使其产生微量的泄漏。

滑阀由于阀芯和阀体孔之间有一定的间隙，在油压的作用下油液经过间隙要产生泄漏。滑阀的泄漏严重时会影响到阀的性能，同时使系统的效率降低。滑阀用于压力阀和方向阀时，压力油通过径向间隙泄漏量的大小，是阀的性能的主要指标之一。滑阀用于伺服阀时，实际和理论的滑阀的零开口特性之间的差别，也取决于滑阀的泄漏特性。

为减少泄漏，应尽量使阀芯和阀体孔同心，和提高滑阀的加工精度。另外在阀芯上开几条环形槽也是减少滑阀间隙泄漏的措施之一。

5.1.3　液压阀的基本参数

液压阀的规格大小、工作压力范围、允许通过的流量是液压阀的基本参数。

❶ 公称通径　目前我国液压阀的规格大小的表示方法尚不统一，中低压阀一般用公称流量表示，如 25L/min、63L/min、100L/min 等，高压阀大多用公称通径表示，液压阀的公称通径采用管路公称通径的系列参数，以符号 D_N（单位为

mm）表示。公称通径是指液压阀的进出油口的名义尺寸，它并不是进出油口的实际尺寸。并且同一公称通径不同种类的液压阀的进出油口的实际尺寸也不完全相同。

国际上，许多国家以英寸表示液压阀的公称通径，它与以英寸表示管路的规格相一致，使用时比较方便，随着计量标准的统一，公称通径以毫米表示将越来越普遍。

❷ 公称压力　表示液压阀在额定工作状态时的压力，以符号 p_N（单位为 MPa）表示。

❸ 公称流量　指液压阀在额定工作状态下通过的流量，以符号 q_N（单位为 L/min）表示。许多国家对通过液压阀的流量指标只规定在能够保证正常工作的条件下所允许通过的最大流量值，同时给出通过不同流量时，有关参数改变的特性曲线，如通过流量与压力损失关系曲线、通过流量与启闭灵敏度关系曲线等。因此在选择阀的流量规格时，必须注意二者的不同含义。

对液压阀的基本要求如下。

a.动作灵敏，使用可靠，工作时冲击和振动小。

b.油液流过时压力损失小。

c.密封性能好。

d.结构紧凑，安装、调整、使用、维护方便，通用性强。

5.2　压力控制阀

▶ 在液压系统中，压力控制阀是用来控制和调节系统的压力，它是基于阀芯上液压力和弹簧力相平衡的原理来进行工作的。压力控制阀主要有溢流阀、减压阀、顺序阀以及压力继电器等几种。

5.2.1　溢流阀

溢流阀是通过阀口的开启溢流，使被控制系统的压力维持恒定，实现稳压、调压或限压作用。对溢流阀的主要要求是调压范围大、调压偏差小、压力振摆小、动作灵敏、过流能力大、噪声小。

(1) 溢流阀的工作原理及结构

溢流阀有直动式溢流阀和先导式溢流阀两种。

❶ 直动式溢流阀　图 5-3 所示为直动式溢流阀。图中 P 为进油口，T 为回油口，压力油自 P 口进入，经过阀体 2 中的小孔 a 流入阀芯 1（滑阀结构）的下端，使阀芯下端受到液压力。当阀芯下端的液压力小于其上端的调压弹簧 5 的预压紧力时，阀芯处于最下端，此时进油口 P 和回油口 T 不通，处于封闭状态，如图 5-3(a) 所示。当进油口 P 的压力升高，阀芯下端的液压力增大，达到能克服上端的弹簧力时，阀芯向上移动，使溢流阀口开启，部分油液从进油口 P 通过回油口 T 流回油箱，如图 5-3(b) 所示。调整调节螺钉 3，可以改变调压弹簧 5 的预压紧力，从

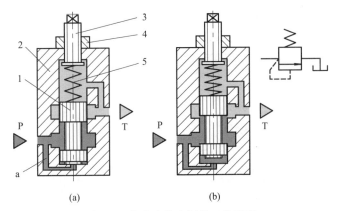

图 5-3 直动式溢流阀的工作原理

1—阀芯；2—阀体；3—调节螺钉；4—锁紧螺母；5—调压弹簧

而调整溢流阀的开启压力。调节螺钉调整好后，用锁紧螺母 4 锁紧，防止误操作使调整压力改变。

当溢流阀稳定工作时，阀芯保持在一个与溢流量相应的开口位置上，此时阀芯下端的液压力为 pA（p 为进油口压力，A 为阀芯下端的承压面积），它与阀芯上端的此开口位置的调压弹簧力 F_S 平衡。这样进油口压力基本保持在某一数值上，这就是直动式溢流阀控制压力的基本工作原理。

溢流阀工作时，因为阀芯和阀体之间有间隙，通过间隙泄漏到阀芯上端弹簧腔的油液如果不将其排出，则将形成一个附加背压，所以在直动式溢流阀的阀体 2 上开设泄油孔，使泄漏油经过泄油孔流回到回油口，随同溢流油液一起流回油箱，这种方式称为内泄。

直动式溢流阀是靠进油腔的油压力直接作用在阀芯上与调压弹簧力相平衡，来控制阀芯的启闭动作。如果通过流量大或压力高的液流时，阀芯的直径将做大以及阀芯下端的液压作用力将很大、与之相平衡的调压弹簧的刚度也必将增大，从而使溢流阀的结构尺寸大、调整困难、调压偏差进一步加大。因此直动式溢流阀只适用于低压或小流量的情况。

❷ 先导式溢流阀　在中、高压，大流量的情况下，一般采用先导式溢流阀。图 5-4 所示为一种先导式溢流阀的工作原理。这种溢流阀在结构上分两部分，下边为主阀部分，上边的为先导调压阀部分（是锥阀结构的小规格的直动式溢流阀），它利用主阀芯 8 上下两端的压力差使主阀芯移动。压力油从 P 口进入，作用于主阀芯的下端，同时又通过主阀芯中的阻尼小孔 a 进入主阀芯上腔，作用于主阀芯的上端，并经过先导阀进油孔道 b 作用于先导阀芯 2 的左端，当进油口的压力较低时，先导阀芯上的液压作用力小于先导阀调压弹簧 3 的预紧力，先导阀阀口关闭，阻尼小孔 a 中的油液不流动，所以主阀芯 8 两端的油压力相等，在复位弹簧 9 的作用下主阀芯 8 处于最下端位置，将溢流口关闭。

当进油腔的压力升高，作用于先导阀芯上的液压大于先导阀调压弹簧的预紧

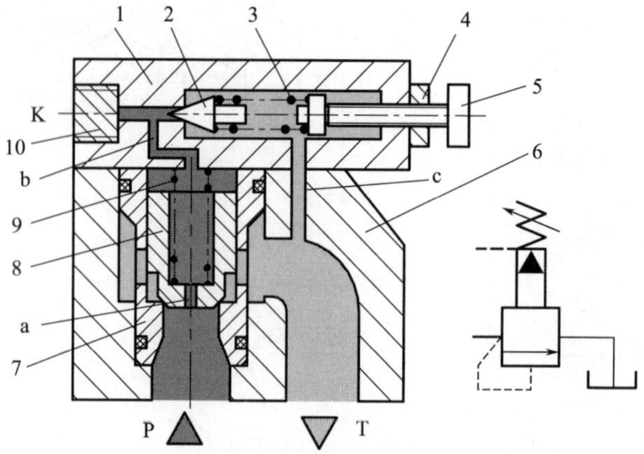

图 5-4　先导式溢流阀的工作原理

1—先导阀体；2—先导阀芯；3—调压弹簧；4—锁紧螺母；5—调节螺钉；6—主阀体；
7—主阀阀套；8—主阀阀芯；9—复位弹簧；10—远控口螺堵

力时，先导阀芯右移，压缩弹簧将先导阀口打开，压力油经先导阀回油孔道 c 流入回油口 T。因为油液流经阻尼小孔 a 时产生压力降，使主阀芯上端的油压力小于下端的油压力，当这个压力差对主阀芯的作用力超过复位弹簧 9 的预紧力时，主阀芯向上移动，溢流口开启，实现溢流作用。

调整调节螺钉 5 可以改变调压弹簧的预紧力，从而实现调整溢流阀的进油压力的作用。

先导式溢流阀因通过先导阀的流量很小，先导阀阀芯的结构尺寸亦小，调压弹簧的刚度不必太大，因此调整比较轻便。另外，复位弹簧 9 的作用只是使主阀芯复位，因此可以选用刚度较小的弹簧，当溢流量变化而引起主阀芯的位置变化时，弹簧力的变化较小，使进口压力比较稳定。

在阀体上有一个远程控制口 K，采用不同的控制方式，可以使先导式溢流阀实现不同的作用。例如：将此油口接一个换向阀，通过换向阀接通油箱，主阀芯的右端的压力接近于零，主阀芯在进油腔压力很小的情况下，就可压缩复位弹簧，移动到最上端，主阀的开口最大，这时系统的压力很低，油液就通过溢流阀口流回到油箱，实现卸荷作用。另外，将远控口 K 接到一个远程调压阀上，并且远程调压阀的调整压力小于先导阀的调整压力，那么，溢流阀的进口压力就由远程调压阀决定。使用远程调压阀可以对液压系统实现远程调压。

图 5-5 所示为一种先导式溢流阀的结构。

(2) 溢流阀的压力-流量特性

❶ **直动式溢流阀**　当溢流阀稳定工作时，作用在阀芯上的力处于平衡状态。以图 5-3 所示的直动式溢流阀为例，忽略摩擦力、液动力和重力，阀芯上的受力平衡方程为

$$pA = F_s \tag{5-4}$$

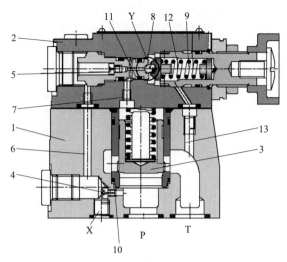

图 5-5　先导式溢流阀的结构

1—主阀体；2—先导阀体；3—主阀芯；4,5,7—阻尼孔；6,10,13—控制流道；
8—先导阀芯；9—调压弹簧；11—先导阀座；12—弹簧腔

式中　p——进口处的压力（在稳定状态下它就是阀芯下端的压力）；

　　　A——阀芯上下端的承压面积；

　　　F_s——弹簧的作用力，$F_s = k(x_0 + x)$。

　　　所以

$$p = \frac{F_s}{A} = \frac{k(x_0 + x)}{A} \tag{5-5}$$

式中　k——调压弹簧的刚度；

　　　x_0——阀开口量为零时的弹簧预压缩量；

　　　x——阀的开口量。

　　可见直动式溢流阀进口处的压力由弹簧力决定，并且弹簧力的变化较小，则由上式可知溢流阀的进口压力基本上保持稳定。实际上，当弹簧调整好后，溢流阀的进口压力还会发生微小的变化，因为阀芯的开口量 x 的变化将影响到弹簧的作用力和作用在阀芯上的稳态液动力。

　　当溢流阀刚开始溢流（$x = 0$）时，此时进口处的压力 p_0 称为溢流阀的开启压力。

$$p_0 = \frac{k}{A} x_0 \tag{5-6}$$

　　当溢流量增加时，阀芯右移，阀口的开度加大，进口压力亦增大。当溢流阀通过额定流量时，阀芯上升到相应的位置，这时进口处的压力 p_T 称为溢流阀的调定压力或全流压力。全流压力和开启压力之差称为静态调压偏差，而开启压力与全流压力之比称为开启比。溢流阀的开启比越大，它的静态调压偏差就越小，所控制的系统的压力便越稳定。

Chapter 1

Chapter 2

Chapter 3

Chapter 4

Chapter 5

Chapter 6

Chapter 7

Chapter 8

Chapter 9

直动式溢流阀溢流时通过阀口的流量为

$$q = \frac{C_q \pi d A (p - p_0)}{k} \sqrt{\frac{2}{\rho} p} \qquad (5\text{-}7)$$

式中，d 为阀芯直径。其余参数含义同前。

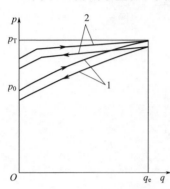

图 5-6 溢流阀的压力-流量特性
1—直动式溢流阀；2—先导式溢流阀

这就是直动式溢流阀的压力-流量特性方程。根据它画出的曲线称为压力-流量特性曲线，如图 5-6 中曲线 1 所示。溢流阀理想的压力-流量特性曲线是一条在 p_T 处平行于流量坐标的直线，即仅在进油腔的压力达到 p_T 时，溢流阀才溢流，并且不论溢流量是多少，进口压力始终保持 p_T 不变。实际中溢流阀的特性不可能达到理想的情况，只能尽量接近这条理想曲线。

对溢流阀来说，希望阀的进口压力保持常数不变，从式(5-5)可以看出，选用弹簧的刚度越大，一定的开口变化量相对应的压力变化就大，而选用的弹簧刚度越小，一定的开口变化量相对应的压力变化就小，这样阀的压力-流量特性就越好。另外，溢流量小时，调压偏差也不大，所以直动式溢流阀只能用在低压或小流量场合。

❷ 先导式溢流阀 以图 5-4 为例分析，其先导阀就是直动式溢流阀，参照式(5-5)，先导阀的进口压力为

$$p' = \frac{F'_k}{A'} = \frac{k'(x_0 + x)}{A'} \qquad (5\text{-}8)$$

式中 k'——先导阀调压弹簧的刚度；

x_0——调压弹簧的预压缩量；

x——先导阀阀口的开口量；

A'——先导阀芯的承压面积。

先导阀通过的流量很小，阀口开口量 x 亦小，有 $x \ll x_0$，则

$$p' \approx \frac{k' x_0}{A'} \qquad (5\text{-}9)$$

当调压弹簧调整好后，在先导阀溢流时其进口压力（即主阀芯右端的压力）p' 基本上不变。

同样忽略摩擦力、液动力和重力，近似地认为主阀阀芯上下端面的承压面积相同，这样主阀阀芯上的受力平衡方程为

$$pA = F_k + p'A = k(y_0 + y) + p'A$$

所以

$$p = \frac{F_k + p'A}{A} = \frac{k(y_0 + y)}{A} + p' \qquad (5\text{-}10)$$

可见主阀的进口压力 p 值主要受主阀复位弹簧力的影响。因为复位弹簧只要

能克服主阀芯的摩擦力即可，所以其刚度 k 很小。当主阀溢流量变化（即 y 变化）时，F_s 随之变化很小，因此先导式溢流阀的进口压力 p 变化也较小。所以先导式溢流阀的开启比要比直动式溢流阀的大，即静态调压偏差小（图 5-6 中曲线 2），可以用于高压和大流量的场合。

溢流阀的阀芯在工作中受到摩擦力的作用，并且摩擦力的方向与阀芯的移动方向相反，因此溢流阀在工作时出现黏滞现象，使阀开启特性和关闭特性存在差异。如图 5-6 所示。

(3) 溢流阀在液压系统中的应用

提示：

❶ 正常工作时溢流阀处于常开状态，使系统压力基本保持稳定；

❷ 作安全阀，正常工作时溢流阀处于常闭状态，当系统超载，压力上升，超过溢流阀的调定压力值时，溢流阀打开，油液流回油箱，防止系统过载，保障系统安全，这时的溢流阀称为安全阀；

❸ 作背压阀，接在回油路上，造成一定的回油阻力，改善执行元件的运动平稳性；

❹ 利用先导式溢流阀的远控口实现远程调压或使系统卸荷。

5.2.2 减压阀

减压阀是使阀的出口压力（低于进口压力）保持恒定的压力控制阀，当液压系统的某一部分的压力要求稳定在比供油压力低的压力上时，一般常用减压阀来实现。它在系统的夹紧回路、控制回路、润滑回路中应用较多。

减压阀有多种不同的形式，我们常说的减压阀是定值式减压阀，它可以保持出口压力恒定，不受进口压力影响，另外还有定差式减压阀，它能使进口压力和出口压力的差值保持恒定。不同形式的减压阀用于不同的场合，减压阀也是依靠油压力和弹簧力的平衡进行工作的。定值式减压阀也有直动式和先导式两种，先导式减压阀的性能较好，应用比较广泛。

(1) 直动式减压阀

图 5-7 所示为直动式减压阀的工作原理。当阀芯处在最下端位置时，减压阀口是全部打开的，进油口与出油口连通，出口压力油经阀体孔道 a 作用到阀芯底部。阀芯的动作由减压阀的出口压力控制，若出口压力在阀芯底部产生的液压力小于阀芯顶部的弹簧预压紧力时，阀芯不工作而阀口全开，不起减压作用，如图 5-7(a)所示。当出口压力升高，阀芯下端的液压力增大，达到能克服上端的弹簧时，阀芯上移阀口关小，起到减压作用，如图 5-7(b) 所示。反之，当出口压力降低，阀芯下端的液压力减小，阀芯下移阀口开大，减压作用削弱。如忽略其他阻力，仅考虑阀芯上的液压力与弹簧力相平衡的条件，则可以认为出口压力基本稳定在减压阀的调定值上。实际上阀芯的开口量的变化将影响到弹簧的作用力和作用在阀芯上的稳态液动力，与直动式溢流阀相同也只能用在低压或小流量场合。

Chapter 1
Chapter 2
Chapter 3
Chapter 4
Chapter 5
Chapter 6
Chapter 7
Chapter 8
Chapter 9

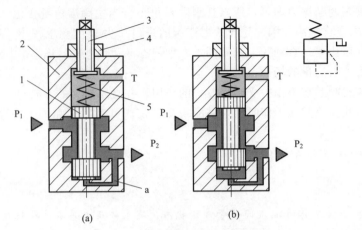

图 5-7　直动式减压阀的工作原理

1—阀芯；2—阀体；3—调节螺杆；4—锁紧螺母；5—调压弹簧

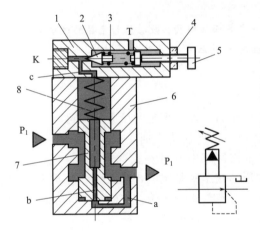

图 5-8　先导式减压阀的工作原理

1—先导阀体；2—先导阀芯；3—调压弹簧；

4—锁紧螺母；5—调节螺钉；6—主阀体；

7—主阀芯；8—复位弹簧

(2) 先导式减压阀

图 5-8 所示为先导式减压阀的工作原理，它同先导式溢流阀相类似，其先导阀也是一个小规格的直动式溢流阀，不同的是主阀结构。先导式减压阀的控制压力引自出口。一次压力油从进油口 P_1 进入，经过减压口产生压力降，二次压力油从出出油口 P_2 流出。出口压力油又经孔道 a 进入主阀芯 7 的下端，再经主阀芯中的阻尼孔 b 作用在主阀芯的上端，主阀芯两端的液压作用力之差与主阀弹簧力平衡。调节先导阀弹簧可以改变主阀上腔的压力，从而对出口压力起调节作用。当出口压力低于阀的调定压力时，先导阀关闭，主阀芯处于最下端，阀口全开，不起减压作用；当出口压力超过阀的调定压力时，主阀芯上移，阀口关小，压力降增大，使出口压力减到调定压力为止，从而维持出口压力基本恒定。

减压阀与溢流阀从结构上和工作原理上有很大的相似之处，但存在着以下不同之处。

↓ 不同：

❶ 溢流阀是保持进口的压力基本不变，控制主阀芯移动的油液来自进油腔；减压阀是保持出口的压力基本不变，控制主阀芯移动的油液来自出油腔。

❷ 不工作时，溢流阀处于关闭状态；减压阀则处于开启状态。

❸ 溢流阀的泄漏油采用内泄方式回油箱；减压阀由于进、出油腔都有压力，所以泄漏油不能从出油腔排出，只能从泄油口单独引回油箱。这种泄漏方式称为外泄。

(3) 减压阀的性能

与先导式溢流阀的分析方法相似，对于先导式减压阀，忽略重力、摩擦力和稳态液动力可以得出

$$p_2 = \frac{k(y_0 + y_{\max} - y)}{A} + p' \tag{5-11}$$

式中　p_2——减压阀出口压力；
　　　p'——先导阀的进口压力（主阀芯右端的压力）；
　　　A——主阀芯的承压面积；
　　　k——主阀复位弹簧的刚度；
　　　y_0——主阀复位弹簧的预压缩量；
　　　y——主阀阀口的开口量；
　　　$y_{\max}$——主阀阀口的最大开口量。

由于复位弹簧的刚度 k 很小，且 $y \ll y_0$，所以上式可以简化为

$$p_2 \approx \frac{k(y_0 + y_{\max})}{A} + p' \tag{5-12}$$

可见，在先导式减压阀工作的情况下，其出口压力基本上为定值，不受进口压力的影响。

图 5-9 所示为一种先导式减压阀的结构。

(4) 减压阀在液压系统中的应用

在液压系统中，减压阀应用在要求获得稳定低压的回路中，如夹紧回路、控制回路、润滑回路等。此外减压阀还可用来限制执行元件的作用力，减少压力波动带来的影响，改善系统的控制性能。

5.2.3　顺序阀

顺序阀是用来控制多个执行元件的顺序动作。通过改变控制方式、泄油方式和油路的接法，顺序阀还可具备其他功能，作背压阀、平衡阀或卸荷阀用。

顺序阀根据控制压力的不同，可分

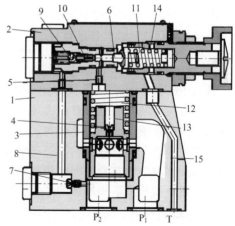

图 5-9　先导式减压阀的结构

1—主阀体；2—先导阀体；3—主阀阀套；4,5,7—阻尼堵；6—先导阀芯；8,15—控制流道；9—节流口；10—节流阀芯；11—调压弹簧；12—复位弹簧；13—主阀芯；14—弹簧腔

为内控式顺序阀和外控式顺序阀两种，内控式顺序阀是用阀的进口处压力控制阀芯的动作；外控式顺序阀是用外来的控制压力控制阀芯的动作。顺序阀根据结构形式的不同还可分为直动式顺序阀和先导式顺序阀。

(1) 顺序阀的工作原理及结构

顺序阀有直动式和先导式两种类型，根据控制压力的来源不同，它们又有内控和外控之分。

❶ 内控直动式顺序阀　内控直动式顺序阀一般就简称为顺序阀，图 5-10(a) 所示为内控顺序阀的工作原理。在进口压力低于顺序阀的调定压力值时，阀口关闭；当进口压力达到调定值时阀口开启，压力油进入二次油路，驱动另一执行元件工作。所以，内控顺序阀相当于一个自控的液压开关。

就结构原理而言，直动式顺序阀与直动式溢流阀基本相同。它们的主要区别在于顺序阀的出口与压力油路相连接，而溢流阀的出口是接回油箱的；顺序阀的泄漏油单独接回油箱，而溢流阀的泄漏油与出口在阀内相通。另外，直动式顺序阀在阀芯的下端采用了控制柱塞结构，以减小阀芯的承压面积，减弱调压弹簧的刚度，来提高阀的启闭特性。但因是直动式，仍需有一定的弹簧刚度，所以直动式顺序阀一般在中低压系统中使用。

❷ 外控直动式顺序阀　如图 5-10(b) 所示，将内控顺序阀的下端盖旋转 180° 或 90°安装，去除外控口 X 螺塞，即变成外控顺序阀。它的工作原理和内控顺序阀相同，只是控制柱塞下面的压力油不是来自阀的进口，而是引自液压系统的其他控制油源。这样，外控顺序阀的调压弹簧力就是与外控油压力作用在控制柱塞上的液压力相平衡的。只要外控油压力超过顺序阀的调定压力值，阀口就开启，使进、出口连通，而与进口压力的高低无关。外控顺序阀相当于外控的液压开关。

将外控顺序阀的上端盖也旋转 180°或 90°安装，使泄油口和阀的出口相连接，并将外泄口 Y 用螺塞堵住，阀的出口直接接回油箱，就变成卸荷阀。如图 5-10(c) 所示。

❸ 单向顺序阀　在实际使用中往往只希望油液在一个方向流动时受顺序阀控制，在反方向油液流动时则自由通过，因此需要单向顺序阀。单向顺序阀是由单向阀和顺序阀并联组合而成的复合阀。单向顺序阀也可分为内控式和外控式两类，还分为内泄式和外泄式。内泄式的单向顺序阀（使用时其出口一定是接回油箱的）又称为平衡阀。改变单向顺序阀的控制和泄油方式，单向顺序阀可以成为内控式、外控式单向顺序阀、平衡阀等多种形式。如图 5-11 所示。

(2) 顺序阀的性能

顺序阀的主要性能和溢流阀相仿，顺序阀为了使执行元件的动作准确无误，也要求阀的调压偏差小，故调压弹簧的刚度宜小，阀在关闭状态下的内泄漏量也要小。

(3) 顺序阀在液压系统中的应用

❶ 控制多个执行元件的顺序动作。

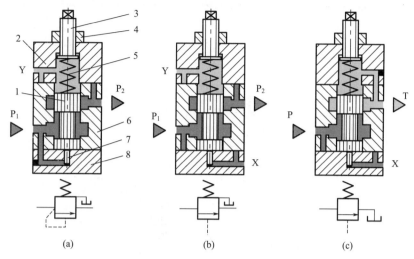

图 5-10 直动式顺序阀

1—阀芯；2—上盖；3—调节螺钉；4—锁紧螺母；5—调压弹簧；
6—阀体；7—控制柱塞；8—下盖

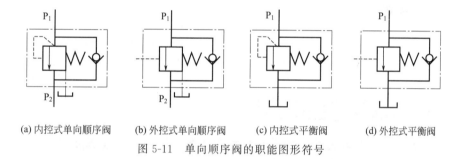

(a) 内控式单向顺序阀　(b) 外控式单向顺序阀　(c) 内控式平衡阀　(d) 外控式平衡阀

图 5-11 单向顺序阀的职能图形符号

❷ 与单向阀组合成单向顺序阀，作平衡阀。保持垂直放置的液压缸不因自重而下落。

❸ 外控顺序阀作卸荷阀用，可使液压泵卸荷。

❹ 作背压阀用，接在回油路上，增大背压，使执行元件的运动平稳。

5.2.4 压力继电器

压力继电器（亦称压力开关）是利用液体压力信号控制电气触点的启闭的液压电气转换元件。当控制压力达到设定压力时，发出电信号，控制电气元件（如电磁铁、继电器等）动作，实现油路转换、泵的加载或卸荷、执行元件的顺序动作、系统的安全保护和联锁等功能。

压力继电器从结构上分有柱塞式、弹簧管式、膜片式和波纹管式，按发出电信号的功能分有单触点式和双触点式。其中柱塞式压力继电器最为常用。

图 5-12 所示为单柱塞式压力继电器。控制口 P 和液压系统相连，当系统压力

上升达到压力继电器调定值时，作用于柱塞 10 上的液压力克服弹簧力，顶杆上推，使微动开关的触点接通或断开；当系统压力下降低于调定值时，在弹簧力的作用下，顶杆和柱塞下移复位，微动开关恢复到原始位置。

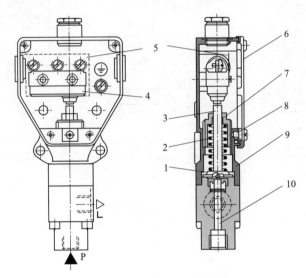

图 5-12　单柱塞式压力继电器

1—弹簧座；2—弹簧；3—顶杆；4—微动开关；5—绝缘罩；6—盖板；
7—调节螺套；8—锁紧螺钉；9—壳体；10—柱塞

5.3　流量控制阀

流量控制阀是液压系统中控制液流流量的元件。按其功能和用途，可分为节流阀、调速阀等。它们的共同特点是，依靠改变阀口通流面积的大小或通流通道的长短来改变液阻，从而控制通过阀的流量，达到调节执行元件的运行速度的目的。

液压系统中使用的流量控制阀应满足以下要求：调节范围足够大；能保证稳定的最小流量；温度和压力对流量的影响要小；调节方便；泄漏小等。

5.3.1　节流口的形式和流量特性

(1) 节流口的形式

起节流作用的阀口称为节流口，其大小以通流面积来度量。节流口的形式（几何形状）很多，按照移动阀芯的方式可以分为切向移动式和轴向移动式两类。

图 5-13(a) 所示为切向移动式节流口，以阀芯的转动来改变节流口的通流截面。这种节流口由于阀芯承受不平衡的径向液压力，在高压时易卡死，一般只能用于低压。图 5-13(d) 所示也是切向移动式节流口，阀芯左端为螺旋面，转动阀芯，

螺旋线相对下边窗口左右移动，从而调节节流口的面积。图 5-13(b)、(c)、(e)、(f)、(g) 为轴向移动式节流口。图 5-13(b) 所示为锥形节流口，图 5-13(c) 为轴向带三角槽的节流口，图 5-13(e) 为圆形节流口，图 5-13(f) 是空心阀芯端部开有梯形槽的结构，图 5-13(g) 则开有三角形槽。它们都是完全对称结构，径向力平衡，调节流量方便，常用于高压节流阀。

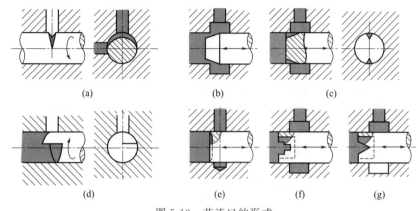

图 5-13　节流口的形式

(2) 节流口的流量特性

根据流体力学的理论和试验，通过节流口的流量为

$$q = K A_v (\Delta p)^m \tag{5-13}$$

式中　K——由节流口形状、油液流动状态和油液黏度决定的系数，具体数值由试验得出，一般薄壁孔口 $K = C_q \sqrt{\dfrac{2}{\rho}}$，细长孔口 $K = \dfrac{\pi d^2}{32\mu l}$；

　　　A_v——节流口通流面积；

　　　Δp——节流口前后压差；

　　　m——由节流口形状决定的指数，$0.5 \leqslant m \leqslant 1$，对薄壁孔口 $m = 0.5$，对细长孔口 $m = 1$。

上式即为节流口的流量特性方程，相应的流量特性曲线如图 5-14 所示。

由式(5-13) 可知，当 K、Δp、m 不变的情况下，改变节流口的通流面积 A_v 就可改变通过节流口的流量。而节流口的通流面积 A_v 调定后，通过节流口的流量还要受到以下因素的影响。

❶ 节流口前后压差　由于负载的变化，引起节流口前后压差的变化，从而对流量发生影响。指数 m 越小，压差变化对流量的影响也越小，所以节流口应制成薄壁孔口。

❷ 温度　油温的变化引起油液黏度的变化，使得流量不稳定。薄壁孔式节流口的 K 值与黏度关系很小，而细长孔式节流口的 K 值与黏度

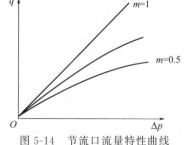

图 5-14　节流口流量特性曲线

关系大，因此薄壁孔口的流量受温度变化的影响很小。

❸ 节流口的堵塞　当节流口的过流面积很小时，在其他因素不变的情况下，通过节流口的流量会出现周期性的脉动，甚至造成断流，这就是节流口的堵塞现象。节流口堵塞的主要原因如下。

a.油液中含有杂质颗粒。

b.油液因高温氧化后产生胶质和沥青等黏附在节流口的表面上。当附着层达到一定厚度时，会造成断流。

c.油液的老化和受压、受热后产生带电极化分子，同时节流缝隙的金属表面具有正极的电荷，油液的极化分子在节流缝隙的金属表面上的电荷吸引下紧密排列在节流口上，形成油液的极化分子的吸附层。由于吸附层破坏了节流缝隙的几何形状，所以改变了流量，但吸附层会在油液一定压力和速度下遭到周期性破坏，通流面积的相应变化便造成液流的周期性脉动。

减小堵塞现象的措施如下。

a.选择化学稳定性和抗氧化稳定性好的油液，油液要精滤，定期更换。

b.选择水力半径大的节流口，如薄壁型节流口。

(3) 最小稳定流量和流量调节范围

流量控制阀能正常工作的最小流量，称为流量控制阀的最小稳定流量。它是衡量流量控制阀性能优劣的重要指标。最小稳定流量与节流口的形状有关，如轴向三角槽式节流口的最小稳定流量一般为 0.03~0.05L/min，而薄壁孔式节流口的最小稳定流量为 0.01~0.015L/min。

流量控制阀的最大流量与最小稳定流量之比，称为流量控制阀的流量调节范围，一般在 50 以上。

最小稳定流量和流量调节范围是选择流量控制阀的重要参数。

5.3.2　节流阀

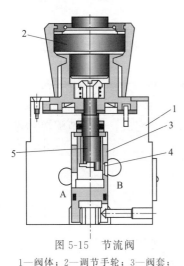

图 5-15　节流阀
1—阀体；2—调节手轮；3—阀套；
4—窗口；5—阀芯

(1) 工作原理

图 5-15 所示为一种节流阀的结构。这种节流阀阀口属切向移动式节流口，近似为薄壁孔口。阀芯下端为螺旋面，调节手柄带动阀芯转动，螺旋线相对右侧窗口上下移动，从而调节节流口的面积，压力油从进油口 A 流入，经节流口从出油口 B 流出。

(2) 节流阀的应用

节流阀在定量泵液压系统中，与溢流阀配合组成节流调速系统，以调节执行元件的运动速度。但由节流阀的流量特性可知，当负载变化时，节流阀前后压差随之发生变化，通过节流阀的流量也就变化。这样，执行元件的运动速度将受到负载变化的影响。所以只能用在恒定负载或对速度稳定性要求不高的场合。

5.3.3 调速阀

要避免负载压力变化对阀流量的影响，应设法保证在负载变化时阀中的节流口前后压差不变。调速阀就是根据这一设想而产生的。

图 5-16 所示为调速阀工作原理图及其详细的和简化的图形符号。它由定差减压阀和节流阀串联组成。因其只有进、出两个油口，所以又称二通流量控制阀。

压力油自调速阀进口进入减压阀，进口压力为 p_1，经减压后压力降为 p_2，再进入节流阀，节流后压力为 p_3（即调速阀出口压力）。减压后的压力 p_2，经阀体上的孔分别引入减压阀芯小端右侧 a 腔和大端右侧 b 腔；节流后的压力 p_3，经阀体上的另一孔引入减压阀芯大端左侧 c 腔。

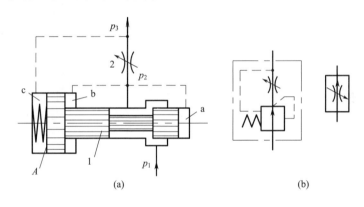

图 5-16　调速阀工作原理及其图形符号
1—减压阀芯；2—节流阀

稳态工作时减压阀芯的力平衡方程（忽略液动力、摩擦力和自重）为

$$p_2 A = p_3 A + F_s \tag{5-14}$$

节流阀口前后压差为

$$\Delta p = p_2 - p_3 = \frac{F_s}{A} = \frac{k_s(x_0 + x_{max} - x)}{A} \tag{5-15}$$

式中　A——减压阀芯大端截面积；

F_s——弹簧力；

k_s——弹簧刚度；

x_0——弹簧的预压缩量；

x_{max}——减压阀的最大开口量；

x——减压阀的开口量。

由于定差减压阀的弹簧刚度很小，阀芯大端面积较大，而阀口开度变化很小（$x \ll x_0$），可以认为节流阀口前后压差近似等于常数。如当调速阀出口压力 p_3 受

Chapter 1

Chapter 2

Chapter 3

Chapter 4

Chapter 5

Chapter 6

Chapter 7

Chapter 8

Chapter 9

负载影响而变化时，将引起减压阀芯的运动，从而改变减压阀口的开度，使减压阀出口压力 p_2 做相应的变化，并保持节流口前后压差基本不变，在这里定差减压阀

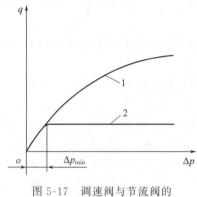

图 5-17 调速阀与节流阀的
流量特性比较
1—节流阀；2—调速阀

起着压力补偿的作用。所以，当调速阀中的节流口开度一定时，通过调速阀的流量就基本保持不变，而与负载变化无关。

调速阀与节流阀的流量特性比较如图5-17 所示。由图中曲线可以看出，节流阀的流量随其进出口压差的变化而变化；调速阀在其进出口压差大于一定值后，流量基本不变。但在调速阀进出口压差很小时，由于定差减压阀阀芯被弹簧推至最右端，减压口全部打开，不起减压作用，此时流量特性与节流阀相同（曲线1、2重合部分）。所以要保证调速阀正常工作，应使其进出口最小压差 $\Delta p_{min} > 0.5 \text{MPa}$。

调速阀和节流阀一样，也是在定量泵液压系统中，与溢流阀配合组成节流调速系统，以调节执行元件的运动速度。由于调速阀的流量与负载变化无关，因此适用于执行元件的负载变化大，而运动速度稳定性又要求较高的节流调速系统。

图 5-18 所示为一种单向调速阀的结构。

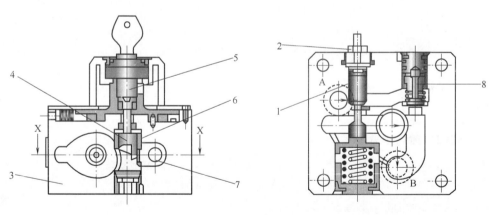

图 5-18 单向调速阀的结构
1—阀芯；2—行程限制器；3—阀体；4—阀芯；
5—调节手轮；6—阀套；7—节流口；8—单向阀

5.3.4 溢流节流阀

溢流节流阀和调速阀一样，也可使通过节流阀的流量基本不受负载变化的影响。溢流节流阀由差压式溢流阀与节流阀并联组成，因其有进、出和溢流三个油

口，又称为三通流量控制阀。

图 5-19 为溢流节流阀的工作原理图及其详细的和简化的图形符号。压力为 p_1 的压力油自进口进入溢流节流阀后分为两部分，一部分经节流阀至出口；另一部分经溢流阀的溢流口返回油箱。溢流阀芯右端的 a、b 腔同节流阀的进口相通，压力为 p_1；溢流阀芯左端的 c 腔与节流阀的出口相通，压力为 p_2。稳态工作时溢流阀芯的力平衡方程（忽略液动力、摩擦力和自重）为

$$p_1 A = p_2 A + F_s \tag{5-16}$$

节流阀口前后压差为

$$\Delta p = p_1 - p_2 = \frac{F_s}{A} = \frac{k_s(x_0 + x)}{A} \tag{5-17}$$

式中　A——溢流阀芯大端截面积；

F_s——弹簧力；

k_s——弹簧刚度；

x_0——溢流阀开口为零时弹簧的预压缩量；

x——溢流阀的开口量。

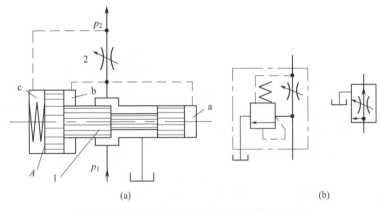

图 5-19　溢流节流阀的工作原理及其图形符号
1—溢流阀芯；2—节流阀

由于溢流阀芯上的弹簧刚度较小，阀芯大端面积较大，而阀口开度变化很小（$x \ll x_0$），故节流阀口前后压差基本保持不变。如当出口压力 p_2 受负载影响而变化时，由于差压式溢流阀的压力补偿的作用，使得进口压力 p_1 产生相应的变化，最终保持节流阀口前后压差基本不变。

比较调速阀和溢流节流阀可以看出，两者都是通过压力补偿来保持节流阀前后压差基本不变，但是它们在性能上和应用上仍有一些差别。在节流调速系统中，调速阀可以安装在执行元件的进油路上，也可安装在回油路上，液压泵输出压力是一定的，它等于溢流阀的调整压力，因此液压泵消耗的功率较大。而溢流节流阀只用在进油路上，它的进口压力（即液压泵的输出压力）是随着出口压力（即负载压力）的变化做相应变化的，因此液压泵功率损失较小，系统发热也小。

5.4 方向控制阀

⊙ 方向控制阀是液压系统中必不可少的控制元件，它通过控制阀口的通断来控制液体流动的方向。方向控制阀在液压系统中使用得最多，是品种规格最多的一类控制元件。主要有单向阀、换向阀两大类。

5.4.1 单向阀

单向阀是控制油液单方向流动的控制阀。它有普通单向阀和液控单向阀两种。

（1）普通单向阀

普通单向阀的作用是使油液只能沿一个方向流动，反向则不通。它有钢球密封式和锥阀密封式两种。钢球密封式单向阀结构简单、制造工艺简便，但密封性较差，由于无导向，易产生振动，一般用于流量小及要求不高的场合；锥阀密封式单向阀正向通油的阻力小，有导向性，密封性能好，但加工工艺要求严格，阀体孔和阀座孔必须有较高的同轴度，在高压大流量的场合一般采用锥阀密封式单向阀。

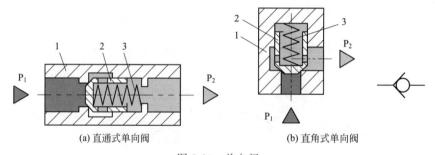

(a) 直通式单向阀　　　　　　　　(b) 直角式单向阀

图 5-20　单向阀

1—阀体；2—阀芯；3—复位弹簧

图 5-20（a）所示为直通式单向阀的结构。油液从左端 P_1 口进入时，克服弹簧 3 作用在阀芯 2 上的力，使阀芯 2 向右移动，打开阀口，通过阀芯上的径向孔、轴向孔从阀体右端 P_2 口流出。当油液反向流动时，油压力和弹簧力共同作用，使阀芯 2 紧压在阀体 1 的阀座上，使阀孔关闭，油液不能通过。直角式单向阀如图 5-20（b）所示，当油液顶开锥阀芯时，直接从阀体内的流道流向出口，而不像直通式那样须经锥阀芯中的径向孔再流出，因此可以进一步减小液流在阀内的流动阻力。

对单向阀的基本要求：正向流动时阻力小，反向截止时有良好的密封性能；动作灵敏；工作时没有撞击和噪声。单向阀的弹簧的刚度一般较小，阀的开启压力仅需 0.03～0.05MPa。若选用较硬的弹簧，使阀的开启压力达到 0.2～0.6MPa，可以当背压阀使用。

单向阀的主要性能包括正向开启压力、正向流动时的压力损失以及反向泄漏量等。这些参量都和阀的结构和制造加工精度有关。

单向阀的主要用途是控制油路单向接通、作背压阀使用、接在泵的出口处，防止系统过载或液压冲击时影响液压泵的正常工作或对液压泵造成损害、分隔油路，防止油路间的干扰，和其他控制元件组合成具有单向功能的控制元件等。

(2) 液控单向阀

液控单向阀和普通单向阀一样，能够起单向通油的作用；另外还可通过液压的控制，使两个方向都能够通油。

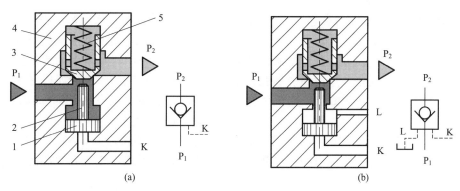

图 5-21　液控单向阀
1—控制活塞；2—顶杆；3—阀芯；4—阀体；5—复位弹簧

图 5-21（a）所示为液控单向阀的结构和职能符号。当控制口 K 处无控制压力油时，它的工作原理和普通单向阀一样。当控制口 K 处有控制压力油时，控制活塞在油压力的作用下上移，推动顶杆 2 将阀芯 3 强行顶开，这时 P_2 口和 P_1 口接通，油液可以反方向流动。

液控单向阀根据泄漏方式的不同，可分为内泄式和外泄式两种。图 5-21（b）是外泄式液控单向阀，它可用于反向开启前 P_1 腔压力较高的情况，这时 P_1 腔压力阻止控制活塞上移的作用力很小，有利于液控单向阀的反向开启；内泄式液控单向阀，是将控制活塞的上腔直接与 P_1 腔沟通而无外泄口，所以只能用于反向开启前 P_1 腔压力较低的情况。

液控单向阀的主要用途是对液压缸锁闭、作立式液压缸的支承阀等。

5.4.2　换向阀

换向阀是借助于阀芯和阀体之间的相对移动来控制油路的通断关系，改变油液的流动方向，从而控制执行元件的运动方向。

对换向阀的基本要求是，油液通过阀的压力损失要小；互不相通的油口之间的密封性好、泄漏量要小；换向控制力小，换向可靠，动作灵敏；换向平稳，冲击小。

Chapter 1
Chapter 2
Chapter 3
Chapter 4
Chapter 5
Chapter 6
Chapter 7
Chapter 8
Chapter 9

(1) 换向阀的分类

换向阀种类很多，根据不同的分类方法，它有下列类型。

❶ 按操纵方式可分为手动换向阀、液动换向阀、电磁换向阀、机动换向阀、电液换向阀等。

❷ 按阀的工作位置数目的多少可分为二位、三位和多位。

❸ 按阀的油路通道数目的多少可分为二通、三通、四通、五通等。

❹ 按阀芯的运动形式可分为转阀式和滑阀式，以滑阀式应用最广。

下面主要介绍滑阀式换向阀。

(2) 换向阀的主体结构

❶ 滑阀的"位"与"通"　滑阀的"位"是指阀芯在阀体中的工作位置数，它代表了阀的一种工作状态，分为二位、三位、四位等；滑阀的"通"是指滑阀与系统连接的油路数，可以分为二通、三通、四通、五通等。根据不同的位置数和不同的油路数组合成多种换向阀的形式，如二位二通、二位三通、二位四通、三位四通、三位五通等。滑阀式换向阀的位数、通数及相应的图形符号如**图 5-22** 所示。

图 5-22(a) 为二位二通阀，它控制油路的通与断，相当于一个开关。

图 5-22(b) 为二位三通阀，控制液流从一个方向变换成另一个方向。

图 5-22(c) 为二位四通阀，可使执行元件换向，但不能使执行元件在任意位置上停止。

图 5-22(d) 为三位四通阀，它既可以控制执行元件换向，又可以使执行元件在任意位置上停止。

图 5-22(e) 为三位五通阀，它与三位四通阀不同的是有两个回油口，可以使执行元件正、反向运动时得到不同的回油方式。

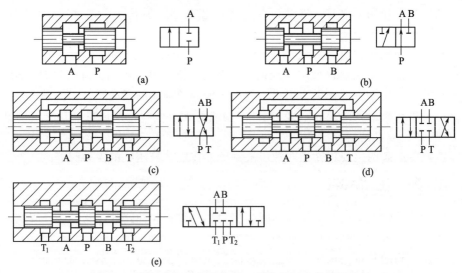

图 5-22　滑阀式换向阀的位数、通数及相应的图形符号

❷ 滑阀的机能　滑阀的机能是指阀芯在初始位置时所控制的各油口之间的连接关系。三位四通阀的中位为初始位置，其机能称为中位机能，它有多种形式，见表 5-1。三位五通阀的情况与之相似。不同的中位机能是通过改变阀芯的形状和尺寸实现的，它可以实现不同的控制和满足不同的使用要求。

表 5-1　三位四通换向阀的中位机能

滑阀机能	中位符号	中位油口的状态及性能特点
O 型		P、A、B、T 口全部封闭；液压泵不卸荷，系统保持压力，执行元件闭锁；可用于多个换向阀并联工作
H 型		P、A、B、T 口全部连通；液压泵卸荷，执行元件两腔连通，处于浮动状态，在外力作用下可移动
Y 型		P 口封闭，A、B、T 口连通；液压泵不卸荷，执行元件两腔连通，处于浮动状态，在外力作用下可移动
P 型		P、A、B 口连通，T 口封闭；液压泵与执行元件两腔连通，可实现液压缸差动连接
K 型		P、A、T 口连通，B 口封闭；液压泵卸荷
M 型		P、T 口连通，A、B 口封闭；液压泵卸荷，执行元件处于闭锁状态
X 型		P、A、B、T 口处于半开启状态；液压泵基本卸荷，系统仍保持一定压力
J 型		P、A 口封闭，B、T 口连通；液压泵不卸荷
C 型		P、A 口连通，B、T 口封闭；液压泵与执行元件的一腔连通
N 型		P、B 口封闭，A、T 口连通；液压泵不卸荷
U 型		P、T 口封闭，A、B 口连通，液压泵不卸荷，执行元件两腔连通，双活塞杆液压缸和液压马达可实现浮动

(3) 换向阀的主要性能

换向阀的主要性能包括下面几项。

❶ 工作可靠性　工作可靠性是指阀能否可靠地换向，它主要取决于换向阀的设计和制造，并且和使用也有关系。液动力和液压卡紧力的大小对换向阀的工作可靠性影响很大，而换向阀通过的流量和工作压力决定着这两个力的大小。对于操纵力较小的电磁换向阀只有在一定压力和流量范围内才能正常工作。

❷ 压力损失　当油液通过换向阀的阀口时，产生压力损失。一般来说，铸造阀体流道中的压力损失比机械加工阀体的压力损失要小。

❸ **换向和复位时间** 换向时间指从阀芯开始换向到换向终止的时间；复位时间指阀芯复位到初始位置所需的时间。减小换向和复位的时间可以提高工作效率，但会引起换向时的液压冲击。

❹ **内泄漏量** 因为阀芯和阀体之间有间隙，在各个不同的工作位置，从高压腔漏到低压腔的泄漏量为内泄漏量。过大的内泄漏量不仅会降低系统的效率，引起油液过热，而且还会影响执行机构的正常工作。

(4) **换向阀的操纵方式**

❶ **手动换向阀** 手动换向阀是利用手动杠杆推动滑阀的阀芯移动，来改变阀的工作位置，控制液体流动的方向。

手动换向阀阀芯的定位方式有弹簧复位式和弹跳定位式两种。图 5-23 所示为弹簧复位式三位四通手动换向阀，左端为操纵手柄 1。放开手柄，阀芯在复位弹簧力的作用下自动回到中间位置。左、右换向位置需靠手柄上的操纵力克服阀芯上的弹簧力来保持。这种阀的一个特点是，可通过操纵手柄控制阀芯的行程在一定范围内（中间位置到换向终止位置之间）变动，即各油口的开度可以根据需要进行调节，使其在换向的过程中兼有一定的节流功能。图 5-23 右图所示为弹跳定位式，当阀芯移动到某一位置时，球面定位销 5 在弹簧作用下落入定位槽中，此时若放开手柄，阀芯则被锁定在这个位置上。

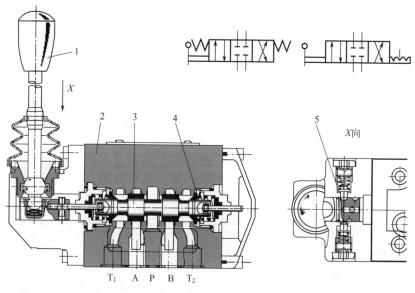

图 5-23 三位四通手动换向阀
1—手柄；2—阀体；3—阀芯；4—复位弹簧；5—球面定位销

❷ **机动换向阀** 机动换向阀是借助于运动部件上的挡铁或凸轮推动滚轮使阀芯移动的。当挡铁或凸轮脱离滚轮后，阀芯靠弹簧恢复到原始位置。如图 5-24 所示。机动换向阀一般只有二位，可以是二通、三通、四通等形式。

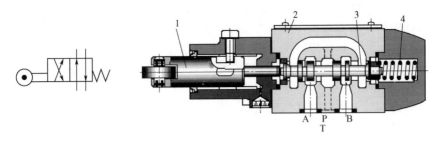

图 5-24　二位四通机动换向阀
1—推杆；2—阀体；3—阀芯；4—复位弹簧

❸ 电动换向阀　电动换向阀又称电磁换向阀，它是利用电磁铁通电吸合时产生的力来操纵滑阀芯移动的。由于它可以借助于按钮开关、行程开关、限位开关、压力继电器等发出的电信号进行控制，故操纵方便，自动化程度高，在换向阀中应用最为广泛。但由于受到电磁铁的尺寸和推力的限制，电磁换向阀允许通过的流量较小，其通径不大于 10mm。

a. 阀用电磁铁。换向阀所用的电磁铁有交流和直流两种类型，每一种又分为干式和湿式两种。

阀用电磁铁基本结构如图 5-25 所示，主要由固定的线圈 3 和可动的衔铁 6 组成。

交流电磁铁换向时间短（一般为 0.03～0.05s），但换向冲击较大，允许的换向频率低（约为 60 次/min），当衔铁不能正常吸合（如阀芯卡住、电源电压过低等原因造成）时会因线圈温升过高而烧毁，故可靠性较差，寿命不长（干式约为 60×10^4 次，湿式约为 6×10^6 次）。

直流电磁铁换向时间较长（一般为 0.1～0.3s），但换向冲击小，允许换向频率较高（一般为 240 次/min 左右），即使衔铁不能正常吸合，线圈也不会烧毁，因而工作可靠，使用寿命长（干式约为 6×10^6 次，湿式约为 10×10^6 次）。

常用交流电磁铁的电压一般为交流 220V；常用直流电磁铁的电压为直流 12V、24V、110V，需配备相应的直流电源。

干式电磁铁与阀连接时，在推杆上设有密封圈，避免阀内油液进入电磁铁。因衔铁在空气中工作，故称为干式电磁铁。由于推杆上受到密封圈摩擦力的作用而影响阀的换向可靠性。

湿式电磁铁（图 5-25）的衔铁可以在油液中工作，因而无需推杆处的密封圈，只是在电磁铁与阀的结合面上安装密封圈防止外泄漏。由于油液的润滑和阻尼作用，减缓了衔铁与阀芯间的撞击，提高

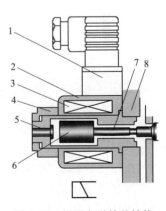

图 5-25　阀用电磁铁的结构
1—接线插头；2—壳体；3—线圈；
4—线圈固定螺母；5—手动推杆；
6—衔铁；7—推杆；8—阀体

了衔铁运动的平稳性，延长了电磁铁的使用寿命，同时也使换向时间较干式的略有增加，允许的换向频率较高；而衔铁的往复动作，使油液循环进入和排出电磁铁内，能起到一定的冷却作用；由于推杆处没有密封圈的摩擦阻力，可以充分地利用电磁铁有限的推力，提高阀换向的可靠性；采用湿式电磁铁还可简化换向阀的结构。

湿式电磁铁较干式电磁铁结构复杂、价格高，但由于它的一系列突出优点，得到了迅速发展，使用日益广泛。

b.电磁换向阀的结构。电磁换向阀的种类和规格繁多，下面仅介绍一种常见的电磁换向阀。

图 5-26 为三位四通电磁换向阀，电磁铁为湿式直流。三位四通电磁阀有三个不同的工作位置。当两边的电磁铁均断电时，在两端弹簧 3 的作用下，阀芯 5 处于中间位置，此时 P、A、B、T(T_1、T_2) 腔互不相通，相互处于封闭状态。当左边的电磁铁通电时，电磁铁吸力通过推杆克服弹簧力将阀芯 5 推向右端，P 腔和 B 腔相通，A 腔和 T 腔相通。当右边的电磁铁通电时，电磁铁吸力通过推杆将阀芯 5 推向左端，P 腔和 A 腔相通，B 腔和 T 腔相通。

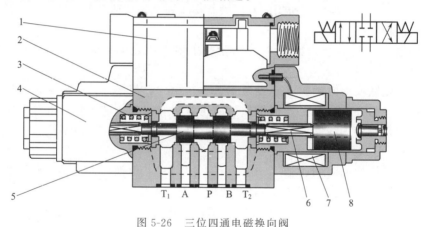

图 5-26　三位四通电磁换向阀

1—接线盒；2—阀体；3—复位弹簧；4—电磁铁；5—阀芯；6—推杆；7—线圈；8—衔铁

二位四通电磁换向阀的结构与三位四通电磁换向阀基本相同，只有一个电磁铁，只有左右两个工作位置，而无中间位置。

❹ 液动换向阀　电磁阀是由电气信号操纵的，不论位置远近，控制都非常方便，因此易于实现自动化控制。但对于换向时间需要调节、流量大、行程长、移动阀芯的作用力大的场合，采用电磁阀操纵是不适合的。液动换向阀则是利用控制油路的压力油推动阀芯移动，实现油路的换向。液动式操纵给予阀芯的推力是很大的，因此适用于压力高、流量大、阀芯移动行程长的场合。

图 5-27 为三位四通液动换向阀，当两端的控制压力油路都无压力油时，在两端弹簧的作用下，阀芯处于中间位置。当控制油路的压力油从阀左边的控制油口进入阀体左端，克服右边弹簧的作用力将阀芯推向右边，此时，P 腔和 B 腔相通，A

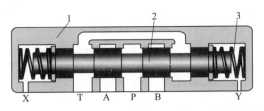

图 5-27　三位四通液动换向阀

1—阀体；2—阀芯；3—弹簧

腔和 T 腔相通。当控制油路的压力油从阀右边的控制油口进入阀体右端，克服左边弹簧的作用力将阀芯推向左端，此时，P 腔和 A 腔相通，B 腔和 T 腔相通。

❺ 电液换向阀　电液换向阀是小规格的电磁换向阀和液动换向阀的组合，图 5-28 为三位四通电液换向阀。其上半部分是电磁换向阀，起先导阀的作用，它通过电磁铁的通电和断电，改变控制油路的方向，继而推动液动阀的阀芯移动；下半部分是液动换向阀的主阀，它可以改变主油路的方向。为保证主阀芯在先导电磁铁都断电时由弹簧作用回到中位，先导电磁阀的中位机能应是 "Y" 型。图 5-28 中的图形符号为简化符号。

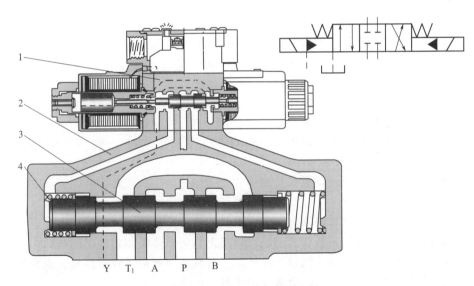

图 5-28　三位四通电液换向阀

1—先导电磁阀；2—主阀体；3—主阀芯；4—主复位弹簧

在电液换向阀中，为减缓主阀芯的换向速度，减小主回路的压力冲击，常在先导电磁阀和液动换向阀之间的油路上接入阻尼调节器。通过调节进出先导阀的流量大小，控制主阀的换向时间。阻尼调节器的结构一般为一对小型单向节流阀，称双阻尼调节器。详细的图形符号如图 5-29 所示。

电液换向阀控制油路的形式有以下四种。

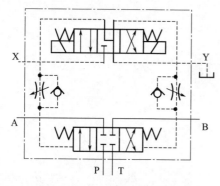

图 5-29　电液换向阀的详细
图形符号（带双阻尼器）

a.外供外排式：控制压力油从外供口 X 引入，从外排口 Y 排出。

b.内供外排式：控制压力油从液动换向阀的进油口 P 引入（X 口与 P 口接通），从外排口 Y 排出。

c.外供内排式：控制压力油从外供口 X 引入，从液动换向阀的回油口 T 排出（Y 口与 T 口接通）。

d.内供内排式：控制压力油从液动换向阀的进油口 P 引入，从液动换向阀的回油口 T 排出。

电液换向阀集电磁换向阀和液动换向阀的特点于一身，即具有电磁换向阀的由电气信号操纵，不论距离远近易控制、易实现自动化的特点，又具有液动换向阀的通油流量大、工作压力高、阀芯移动的行程长的特点。所以电液换向阀可以应用在系统工作压力高、流量大并且要求自动控制的液压系统中。

❻ 多路换向阀　多路换向阀是由两个以上的换向阀为主体的组合阀。根据不同液压系统的需要，常将主安全阀、单向阀、补油阀等组合在一起。它具有结构紧凑、管路简单、压力损失小和安装方便等优点。在起重运输车辆、工程机械及其他行走机械上广泛应用，以进行多个执行元件的集中控制。

多路换向阀有多种形式：

a.根据阀体结构形式，有整体式和分片式两种。

b.根据油路连接方式，有并联式、串联式及串并联式油路。

c.根据每个换向阀的工作位置和所控制的油路不同，有三位四通、三位六通、四位六通等形式。

d.根据定位复位的方式，有弹簧对中式、钢球弹跳定位式等。

e.根据控制方式，有手动控制和手动先导控制两种。

图 5-30（a）为**并联式多路换向阀**，它的工作特点是从进油口来的压力油可直接进入各联换向阀的进油口，各联的回油口直接汇集到多路换向阀的总回油口。液压泵同时向多个换向阀所控制的执行元件供油。**每联换向阀可以独立操纵，也可以几个换向阀同时操纵，但这时总是负载小的执行元件先动作。**

图 5-30（b）为**串联式多路换向阀**，它的工作特点是后一联换向阀的进油口和前一联换向阀的回油口相连，可实现两个以上执行元件同时动作。并且各个工作机构的工作压力是叠加的，即液压泵的出口压力是各个工作机构工作压力的总和。

图 5-30（c）为**串并联式多路换向阀**，它的工作特点是各联换向阀的进油口都与前一联换向阀的中位通道相连，而各联换向阀的回油口则直接与总回油口相连，**操纵前一联换向阀，后一联换向阀不能工作，它保证前一联换向阀的优先动作。所以又称其为顺序单动式多路换向阀。**

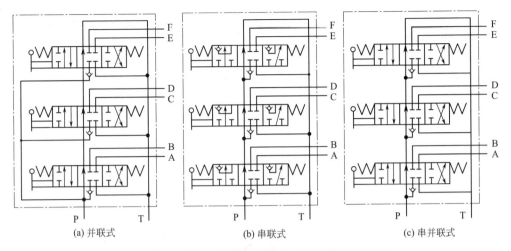

| (a) 并联式 | (b) 串联式 | (c) 串并联式 |

图 5-30 多路换向阀的组合形式（以图形符号表示）

各联多路换向阀均处于中位时，可实现液压泵卸荷。每一联的进油单向阀是为阻止在换向过程中因执行元件中的压力油可能产生倒流而设置的。

图 5-31 为一种分片式多路换向阀的结构。

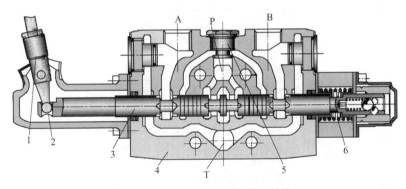

图 5-31 分片式多路换向阀的结构

1—手动杠杆；2—球铰；3—阀芯；4—片式阀体；5—进油单向阀；6—复位弹簧

5.5 叠加阀、插装阀

5.5.1 叠加阀

叠加阀是在板式阀集成化基础上发展起来的一种新型控制元件。每个叠加阀不仅起到控制阀的功能，而且起到连接块和通道的作用；每个叠加阀的阀体均有上、下两个安装平面及四五个公共流道，每个叠加阀的进出油口与公共流道或并联或串联；同一通径的叠加阀，其上、下安装平面的油口相对位置与标准的板式换向阀的油口位置相一致。

叠加阀同普通液压阀一样，也分为压力、流量和方向控制阀，只是方向阀中仅有单向阀类，而换向阀采用的就是标准的板式换向阀。图 5-32 为一组叠加阀的结构，其中叠加阀 1 是回油单向溢流阀，它串联在回油道上；叠加阀 2 为双单向节流阀，两个单向节流阀分别串联在 A、B 流道上；叠加阀 3 是双液控单向阀，它们也分别串联在 A、B 流道上；最上面是板式换向阀，最下面还有公共底板块（图中未画出）。另外，为降低每组叠加阀的高度和用阀数量，叠加阀系列中还增加了一些复合功能的叠加阀，如顺序节流阀、电磁单向调速阀等。

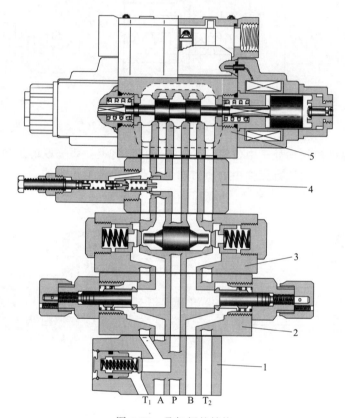

图 5-32　叠加阀的结构

1—叠加式单向阀；2—叠加式双单向节流阀；3—叠加式双液控单向阀；

4—叠加式溢流阀；5—标准板式电磁换向阀

　　叠加阀组成的液压系统，是将若干个叠加阀叠合在普通板式换向阀和底板块之间，用长螺栓结合而成；每一组叠加阀控制一个执行元件，其回路如图 5-33 所示。一个液压系统有几个执行元件，就有几组叠加阀，再通过一个公共的底板块把各部分的油路连接起来，从而构成一个完整的系统。

　　由叠加阀组成的系统有很多优点：结构紧凑、体积小；系统设计、制造周期短；系统配置灵活，系统更改时增减元件方便；外观整齐美观；通径已达 32mm。

　　但目前叠加阀所能够组成的液压回路的形式有限。

　　图 5-33 为一组叠加阀的安装形式和对应的图形符号。

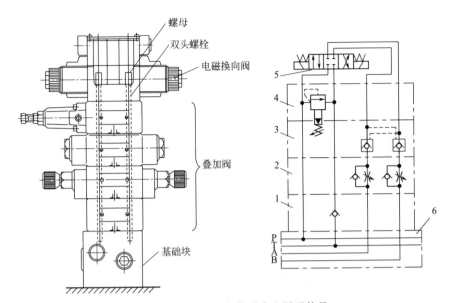

图 5-33 叠加阀的安装形式和图形符号

1—叠加式单向阀；2—叠加式双单向节流阀；3—叠加式双液控单向阀；4—叠加式溢流阀；
5—标准板式电磁换向阀；6—基础块

5.5.2　二通插装阀

插装阀也是一种新型的液压控制元件，因其安装方式而得名。每个二通插装阀具有通、断两种状态，又称逻辑阀。

(1) 基本结构和工作原理

二通插装阀结构原理如图 5-34 所示，主要由以下三部分组成。

❶ 插装组件　由阀芯、阀套、复位弹簧组成，主要是锥阀结构，特殊功能的采用滑阀结构。

❷ 先导控制部分　包括控制盖板和先导控制阀。控制盖板用来固定插装组件；先导控制阀起着控制主阀动作的功能，常用小通径 6mm（主阀通径≤63mm 时）、10mm（主阀通径＞63mm 时）的普通控制阀。

❸ 集成块体　用来安装插装组件、控制盖板和其他控制阀、沟通主油路和控制油路的块体。一个由插装阀组成的系统，所有的插装阀都插装在集成块体中。

由图 5-34(a) 中，若不计摩擦力、液动力和阀芯的重力，阀芯上的力平衡关系为

$$p_A A_A + p_B A_B = p_C A_C + F_s \tag{5-18}$$

式中　A_A、A_B、A_C——阀芯在 A、B、C 腔的承压面积；

　　　p_A、p_B、p_C——A、B、C 腔的压力；

　　　F_s——弹簧力。

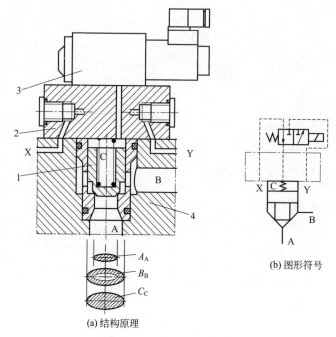

(b) 图形符号

(a) 结构原理

图 5-34　二通插装阀

1—插装组件；2—控制盖板；3—先导控制阀；4—集成块体

当 $p_C A_C > p_A A_A + p_B A_B - F_s$ 时，阀关闭；当 $p_C A_C < p_A A_A + p_B A_B - F_s$ 时，阀开启；当 $p_C A_C = p_A A_A + p_B A_B - F_s$ 时，阀处于平衡状态。

所以，只要采取适当的方式，控制 C 腔的压力 p_C，就可以控制主油路中 A 腔和 B 腔油液流动的方向和压力；如果控制阀芯开启的高度，就可以控制油液流动的流量。所以插装阀可以构成方向、压力、流量控制功能。

这里，A 腔与 C 腔面积之比（$\alpha = A_A / A_C$）是一个重要的参数，它对阀的性能有较大的影响。面积比依插装阀的功能不同而不同，一般在 1∶1～1∶2 之间。

(2) 方向控制功能

❶ 单向阀功能　图 5-35 为二通插装阀做单向阀使用的情况。图 5-35(a) 与

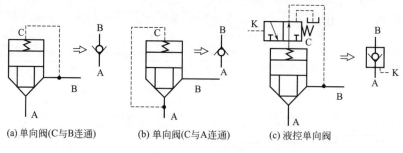

(a) 单向阀(C与B连通)　　　(b) 单向阀(C与A连通)　　　(c) 液控单向阀

图 5-35　单向阀功能

普通单向阀功能相同，控制油腔 C 与 B 口连通，A 与 B 单向导通，反向流动截止。图 5-35（b）为控制油腔 C 与 A 口连通，B 与 A 单向导通，反向流动截止。图 5-35（c）为液控单向阀功能，先导控制油路 K 失压时（图示位置），即为单向阀功能；当先导控制油路 K 有压时，控制油腔 C 失压，可使 B 口反向与 A 口导通。

❷ 换向阀功能　用小型的电磁换向阀做先导阀与插装阀组合，通过对电磁换向阀的控制，可组合成不同通数、位数的换向阀。图 5-36 为由两个插装组件和一个先导阀（二位四通电磁换向阀）组成了二位三通电液换向阀功能。先导阀断电（图示状态），插装阀 1 关闭，P 口封闭，插

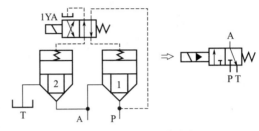

图 5-36　二位三通换向阀

装阀 2 的控制腔失压，A 口通 T 口；先导阀通电时，插装阀 1 的控制腔失压，P 口通 A 口，插装阀 2 关闭，T 口封闭。

图 5-37 为用两个小型的二位三通电磁阀控制四个插装组件，可组成四位四通电液换向阀功能。当 1YA 和 2YA 都不通电，此时油口 P、A、B、T 处于封闭状态，互不相通，相当于"O"型中位机能；当 1YA 和 2YA 同时通电，此时油口 P、A、B、T 全部相通，相当于"H"型中位机能；当 1YA 通电，2YA 不通电，此时油口 P、A 相通，油口 B、T 相通；当 1YA 不通电，2YA 通电，此时油口 P、B 相通，油口 A、T 相通。如果每一个插装组件的控制油路均用一个二位三通电磁换向阀单独先导控制，电磁阀通电，主阀开启，电磁阀断电，主阀关闭，那么四个先导电磁阀按不同组合通电，可以实现主阀的 12 个换向位置（各个位置的机能不同）。

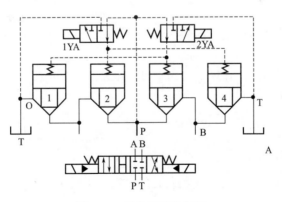

图 5-37　四位四通换向阀

(3) 压力控制阀功能

用小型的直动式溢流阀作先导阀来控制插装组件，采用不同的控制油路，就可

组成各种用途的压力控制阀。

作压力控制阀的插装组件，须内设（在阀芯中）或外设（在控制油路上）一阻尼孔，且面积比 α 较小（1：1～1：1.1），以适应压力阀控制原理的需要。

图 5-38(a) 中由先导式溢流阀和内设阻尼孔的插装组件组成的溢流阀，其工作原理与普通的先导式溢流阀相同。

图 5-38(b) 中由外设阻尼孔的插装组件和先导式溢流阀组成的先导式顺序阀。其工作原理与普通的先导式顺序阀相同。

图 5-38(c) 中的插装阀芯是常开的滑阀结构，B 口为进口，A 口为出口，A 口压力经内设阻尼孔与 C 腔和先导压力阀相通。当 A 口压力上升达到或超过先导压力阀的调定压力时，先导压力阀开启，在阻尼孔压差作用下，滑阀芯上移，关小阀口，控制出口压力为一定值，所以构成了先导式定值减压阀的功能。

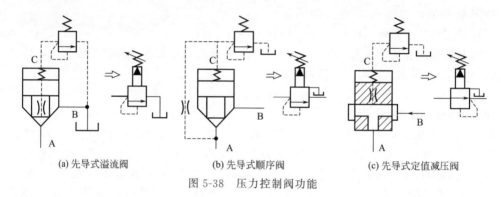

(a) 先导式溢流阀　　　　　(b) 先导式顺序阀　　　　　(c) 先导式定值减压阀

图 5-38　压力控制阀功能

(4) 流量控制阀功能

作流量控制阀的插装组件在锥阀芯的下端带有台肩尾部，其上开有三角形或梯形节流槽；在控制盖板上装有行程调节器（调节螺杆），以调节阀芯行程的大小，即控制节流口的开口大小，从而构成节流阀，如图 5-39(a) 所示。

将插装式节流阀前串接一插装式定差减压阀，减压阀芯两端分别与节流阀进出口相通，就构成了调速阀，如图 5-39(b) 所示。和普通调速阀的原理一样，利用减压阀的压力补偿功能来保证节流阀进出口压差基本为定值，使通过节流阀的流量不受负载压力变化的影响。

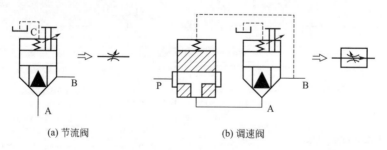

(a) 节流阀　　　　　　　　(b) 调速阀

图 5-39　流量控制阀功能

插装阀的主要优点是结构简单紧凑，液阻小，通流能力大（通径一般在 16～160mm，最大可达 250mm），密封性好，且加工工艺性好，易于实现系列化、标准化等，特别适用于高压、大流量的液压系统。但插装阀组成的系统易产生干扰现象，设计和分析时对其控制油路须给予充分的注意。

5.6 电液比例控制阀

▶ 电液比例控制阀（简称比例阀）是介于普通液压阀和电液伺服阀之间的一种液压阀。它可以按输入的电信号连续地控制液流的压力、流量等参数，并使之与输入电信号成比例地变化。大多数的比例阀是在普通液压阀的基础上，用比例电磁铁取代原有的手调机构或通断型电磁铁，以实现对阀输出参数的连续、成比例地控制。

与普通液压阀相比，比例阀具有以下优点。

❶ 能采用电信号对液压执行元件的力、速度和方向进行连续、成比例地控制，并能防止压力或速度变化以及换向时的冲击现象。

❷ 能方便地实现远距离控制、程序控制和自动控制，特别适用于对控制精度和动态特性有一定要求的液压自动控制系统。

❸ 简化液压系统、减少液压元件的使用数量。

由于比例阀是在普通液压阀的基体上加设比例电磁铁而形成并发展起来的，所以比例阀也分为压力控制、流量控制、方向控制三大类。

5.6.1 比例电磁铁

比例电磁铁的功能是将输入电信号转换成一定的力（或位移），此力（或位移）再传给弹簧进行预压缩或直接传给带弹簧复位的阀芯。

比例电磁铁与普通电磁换向阀中所用的湿式直流电磁铁有所不同，如图 5-40 所示。二者外观相似，都有线圈、衔铁、壳体等零件，但它们内部的磁路设计不同。因而二者的力—位移特性不同。

图 5-41(a) 为两种电磁铁的力-位移特性曲线。可以看出，比例电磁铁的输出电磁力在整个工作行程内基本上保持恒定。图 5-41(b) 给出了比例电磁铁在不同输入电流下的力-位移特性曲线，可见电磁力与输入电流之间的关系是线性关系。所以，在其工作行程内的任何位置上，电磁力只取决于输入电流。因而，

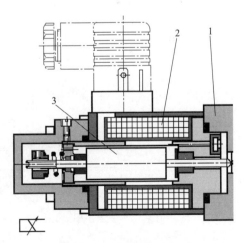

图 5-40　阀用比例电磁铁
1—阀体；2—线圈；3—衔铁

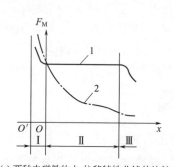 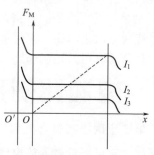

(a) 两种电磁铁的力-位移特性曲线的比较　　(b) 不同输入电流下比例电磁铁的力-位移特性曲线

1—比例电磁铁；2—普通电磁铁　　　　　I_1—100%额定电流；I_2—50%额定电流；
Ⅰ—吸合区；Ⅱ—工作行程区；Ⅲ—空行程区　　　　　I_3—25%额定电流

图 5-41　电磁铁的力-位移特性曲线

这种比例电磁铁称为力控制型比例电磁铁。如果电磁力克服弹簧力推动阀芯运动，将弹簧特性如图 5-41（b）中虚线所示叠加上去。当一定的电流输入到电磁铁时，将产生相应的电磁力移动阀芯，直到与弹簧力相平衡为止，即电磁铁力-位移特性曲线与弹簧特性曲线的相交点。因而通过改变电磁铁的输入电流，阀芯可以在其工作行程范围内定位于任何位置。实现力-位移的线性转换，使其输出位移与输入电流成比例。这样力控制型比例电磁铁就具有行程控制的功能。

当需要更高的控制性能时，可在上述比例电磁铁的衔铁上接装一个位移传感器（线性可变差动变压器），如图 5-42 所示，以得到一个与阀芯位置成比例的电信号，此位移信号作为反馈信号提供给阀的控制放大器，从而实现比例电磁铁的位置闭环控制，保证阀芯位置的准确。这种比例电磁铁则称为位置调节型比例电磁铁。

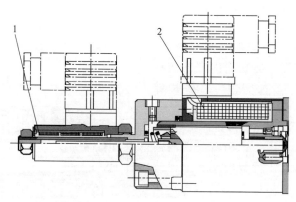

图 5-42　位置调节型比例电磁铁
1—位移传感器；2—线圈

5.6.2 比例压力控制阀

常见的比例压力阀有比例溢流阀和比例减压阀。比例溢流阀有直控式和先导式两种。

(1) 直控式比例溢流阀

直控式比例溢流阀的结构如图 5-43 所示。用力控制型比例电磁铁取代普通直动式溢流阀中的调压手轮和调压弹簧，比例电磁铁 2 直接将电磁力作用在锥阀芯 4 上，使锥阀芯 4 靠在阀座 3 上；锥阀芯上受到电磁力和溢流阀进口压力的共同作用，从而形成进口压力与电磁力相平衡的工作原理。

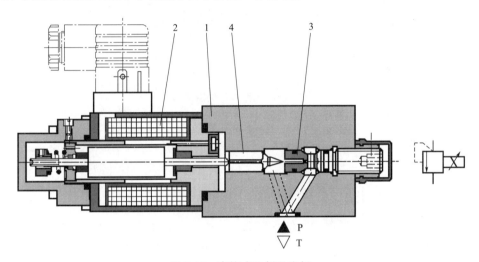

图 5-43　直控式比例溢流阀
1—阀体；2—比例电磁铁；3—阀座；4—锥阀芯

在比例溢流阀开启的情况下，进口压力的大小与比例电磁铁输入电流值成比例。

由于比例电磁铁的最大推力是一定的，所以不同的调压范围要通过改变阀座的孔径来获得，而不像普通溢流阀那样靠更换刚度不同的调压弹簧来获得。

(2) 先导式比例溢流阀

先导式比例溢流阀的结构如图 5-44 所示。其主阀与先导式溢流阀的主阀相同，而先导部分则是直控式比例溢流阀。与输入电流成比例的电磁力直接作用在先导阀芯上，决定了主阀的设定压力。不同的调压范围也是要通过改变先导部分的直控式比例溢流阀阀座的孔径来获得。

(3) 先导式比例减压阀

比例减压阀常用先导式结构，其构成与先导式比例溢流阀相似，先导部分与先导式比例溢流阀完全相同，主阀结构与普通先导式减压阀的主阀结构相同。

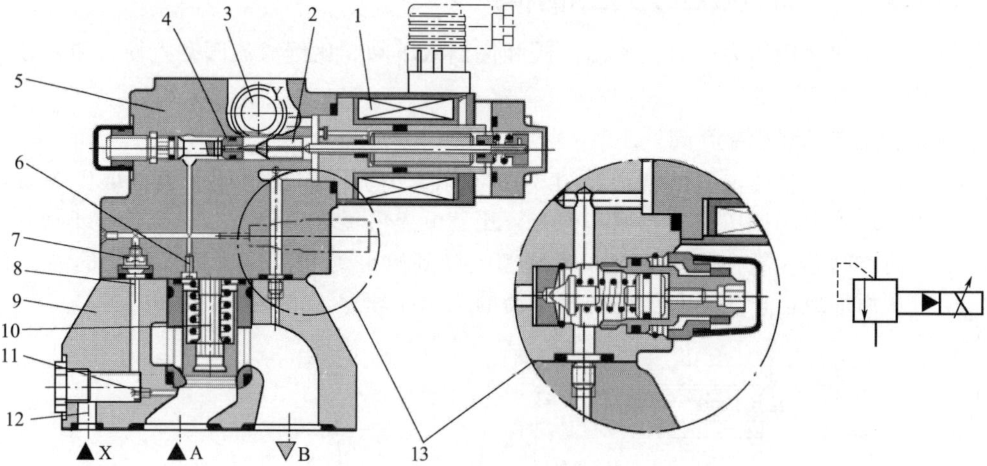

图 5-44　先导式比例溢流阀

1—比例电磁铁；2—锥阀芯；3—外泄口；4—阀座；5—先导阀体；

6,7,11—阻尼孔；8—控制油道；9—主阀体；10—主阀芯；

12—外控口；13—限压阀（安全阀）

5.6.3　比例流量控制阀

　　比例流量阀是在普通流量阀的基础上，将手调装置改换成比例电磁铁。其液压部分的工作情况和普通调速阀相同，只是节流阀的开度由输入比例电磁铁的电流信号来控制。

　　比例调速阀的结构如图 5-45 所示。它采用位置调节型比例电磁铁取代调节手轮对调速阀中的节流口进行闭环控制，节流口前后压差仍由定差减压阀来保持恒定。所以只要改变输入电流信号的大小，就可以控制通过调速阀的流量。图 5-45 中的单向阀 6 并联在进油口 P_1 与出油口 P_2 之间使其具有单向调速功能。

5.6.4　比例方向控制阀

　　比例方向阀既可以用来变换液流的流动方向又可以控制其流量的大小。

(1) 直控式比例方向阀

　　直控式比例方向阀的结构如图 5-46 所示。当电磁铁不工作时，阀芯由复位弹簧将其保持在中位。如左电磁铁通电，则阀芯向右移动，P 与 B，A 与 O 分别连通。输入电流越大，阀芯向右的位移也就越大，即阀芯的位移与电信号成正比例。行程越大，则阀口通流面积和通过的流量也越大。

　　比例方向阀的阀芯与普通换向阀不同，阀芯台肩上开有三角形或半圆形的节流槽。当阀芯向左或向右移动时，节流槽始终不脱离窗口，因而始终起节流作用。

　　可见，改变比例电磁铁的通、断电状态，可以变换液流的流动方向；调节比例电磁铁的输入电流的大小，又可以控制液流流量的大小。

(2) 先导式比例方向阀

和普通换向阀一样，大通径的比例方向阀由于主阀芯运动所需的操纵力较大，也采用先导控制结构。图 5-47 所示为先导式比例方向阀，其中的先导阀是由比例电磁铁操纵的双三通减压阀，如图 5-48 所示。给左比例电磁铁 6 一定的输入电流，其电磁力经传感柱塞 4 推动阀芯 2 右移，油液从中间 X 口（进油口）流向 A′口，A′口的压力升高，并通过阀芯 2 上的径向孔作用到阀芯上（传感柱塞 3 则靠在电磁铁 5 的推杆上），直到液压力与电磁力相平衡为止；如果比例电磁铁 6 的电磁力减小，则阀芯左移，油液从 A′口流向 Y 口（泄油口），A′口压力降低，直到液压力重新与电磁力相当为止。所以 A′口压力的大小与电磁力成比例，即与比例电磁铁 6 的输入电流成比例。反之，B′口压力与右比例电磁铁 5 的输入电流成比例。当两个比例电磁铁都断电时，A′口、B′口与 Y 口相通，X 口封闭。

先导阀能够与其输入电流成比例地改变其 A′口或 B′口的压力，也就是

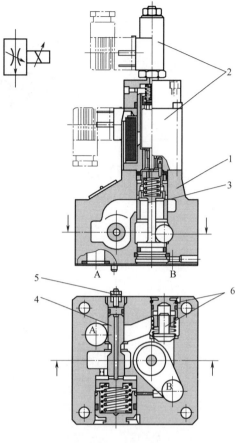

图 5-45　比例调速阀
1—阀体；2—比例电磁铁；3—节流阀；
4—定差减压阀；5—行程限位
调节螺钉；6—单向阀

改变图 5-47 中的主阀芯 9 两端先导腔的控制压力。如左比例电磁铁 6 通电，先导阀芯 2 右移，其右边出口建立与输入电流成比例的控制压力，再进入主阀先导腔 10，并推动主阀芯 9 克服对中弹簧 7 左移，主阀芯台肩上的三角节流槽逐渐打开，直至与弹簧力相平衡为止，主油路油液从 P 口经阀芯台肩上的节流槽流向 A 口，B 口经阀芯台肩上的另一节流槽与 O 口连通。由于主阀芯的位移与先导腔的压力成比例，从而与比例电磁铁的输入电流成比例。所以，改变先导阀比例电磁铁的通、断电状态，可以改变主阀液流的流动方向；调节比例电磁铁的输入电流就可以调节通过主阀的流量，使其具有节流功能。

5.6.5　比例控制阀的主要性能指标

比例控制阀的性能指标包括静态特性性能指标和动态特性性能指标。

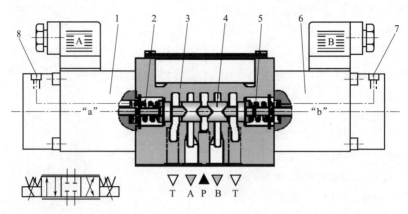

图 5-46 直控式比例方向阀

1,6—比例电磁铁；2,5—复位弹簧；3—阀体；4—阀芯；7,8—排气螺塞

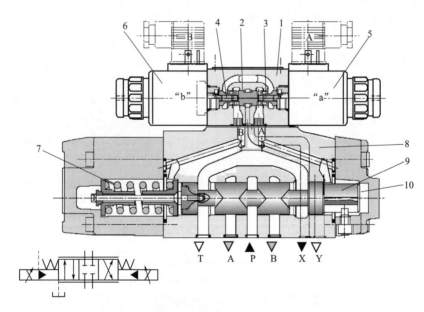

图 5-47 先导式比例方向阀

1—先导阀体；2—先导阀芯；3,4—传感柱塞；5,6—比例电磁铁；

7—对中弹簧；8—主阀体；9—主阀芯；10—先导腔

(1) 静态性能指标

比例控制阀在稳态工况下，输入电流从零增至额定值，再从额定值减小到零的整个过程中，输出量（p 或 q）的变化曲线称为静态特性曲线。由于阀内存在着摩擦和磁性材料的磁滞等因素，阀的实际特性曲线是一条封闭的回线，如图 5-49 所示。其中两条实际特性曲线的中点轨迹称为名义特性曲线（曲线 2）。

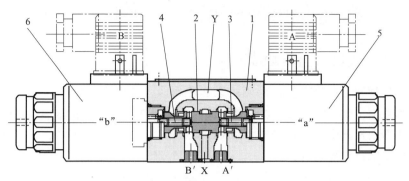

图 5-48　作先导阀的双三通比例减压阀

1—先导阀体；2—先导阀芯；3,4—传感柱塞；5,6—比例电磁铁

❶ 滞环　两条实际特性曲线之间的最大差值 $\Delta I_{\max}$ 与额定控制电流 I_N 的百分比，即 $\dfrac{\Delta I_{\max}}{I_N} \times 100\%$。比例阀的滞环一般为 $\pm(2\sim5)\%$。

❷ 非线性度　名义特性曲线与理想特性曲线（参考直线 1）之间的最大差值 ΔI_{Lmax} 与额定控制电流 I_N 的百分比，即 $\dfrac{\Delta I_{\mathrm{Lmax}}}{I_N} \times 100\%$。比例阀的非线性度一般为 $\pm(3\sim5)\%$。

❸ 分辨率　使输出量发生变化所需的最小控制电流变化值与额定电流的百分比。它反映了比例阀的灵敏度。比例压力阀在 2% 以下，比例流量阀为 $(2\sim5)\%$。

❹ 重复精度　用重复误差表示。重复误差是指在同一方向多次重复输入同一电流值，其输出量的最大变化量与额定值的百分比。比例阀的重复误差一般小于 1%。

(2) 动态性能指标

比例控制阀的动态特性可以用时域的瞬态阶跃特性来表示，也可用频率特性来表示。

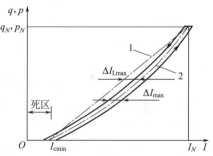

图 5-49　比例阀的静态特性曲线

❶ 阶跃响应　阶跃响应是指输入一个电流阶跃信号时，输出量随时间的变化规律。通常以阶跃响应时间表示比例阀动态特性的优劣，它等于输出量达到稳定值（调定值的 98%）时所需的时间。比例阀的阶跃响应时间为 $0.4\sim0.6\mathrm{s}$。如果阶跃响应具有振荡形，则以上升时间、超调量和振荡次数来表示。

❷ 频率响应　加入频率为 ω 的正弦输入信号时，在稳定状态下输出与输入的复数比值关系称为频率响应。通常以增益为 $-3\mathrm{dB}$ 时的幅频宽和滞后相位角为 $-90°$ 时的相频宽来评价。比例阀的频率响应为 $2\sim10\mathrm{Hz}$。

5.7　液压阀的选择与使用

5.7.1　液压阀的选择

⊛　任何一个液压系统，正确地选择液压阀，是使系统的设计合理、性能优良、安装简便、维修容易和保证系统正常工作的重要条件。除按系统的功能需要选择各种类型的液压阀外，还需考虑额定压力、通过流量、安装形式、操纵方式、结构特点以及经济性等因素。

首先根据系统的功能要求，确定液压阀的类型。根据实际安装情况，选择不同的连接方式，例如管式或板式连接等。然后，根据系统设计的最高工作压力选择液压阀的额定压力，根据通过液压阀的最大流量选择液压阀的流量规格。如溢流阀应按液压泵的最大流量选取；流量阀应按回路控制的流量范围选取，其最小稳定流量应小于调速范围所要求的最小稳定流量。应尽量选择标准系列的通用产品。

5.7.2　液压阀的安装

液压阀的安装形式有管式、板式、叠加式、插装式等多种形式，形式不同，安装的方法和要求也有所不同。其共性的要求如下。

❶　安装时检查各种液压阀的合格证，以及是否有异常情况。检查板式阀安装平面的平直度和安装密封件的沟槽的加工尺寸和质量是否有缺陷。

❷　按设计规定和要求安装。

❸　安装时要特别注意液压阀的进油口、出油口、控制油口和泄油口的位置，严禁错装。

❹　安装时要注意密封件的选择和质量。

❺　安装时要保持清洁，不能戴着手套安装、不能用纤维品擦拭安装结合面，防止纤维类脏物进入阀内，影响阀的正常工作。

❻　安装时要检查应该堵住的油孔是否堵住，如溢流阀的远程控制口等。

5.7.3　液压阀常见故障的分析和排除方法

液压阀是用来控制液压系统的压力、流量和方向的元件。如果某一液压阀出现故障，将对液压系统的正常工作和系统稳定性、精确性、可靠性、寿命等造成极大的影响。

液压阀产生故障的原因有元件选择不当；元件设计不佳；零件加工精度差和装配质量差；弹簧刚度不能满足要求；密封件质量差。另外还有油液过脏和油温过高等因素。

液压阀在液压系统中的作用非常重要，故障种类很多。只要掌握各类阀的工作原理，熟悉它们结构特点，分析故障原因，查找故障不会有太大困难。表

5-2、表 5-3、表 5-4 分别列举了压力控制阀、流量控制阀、方向控制阀常见故障的分析和排除方法。

表 5-2　压力控制阀常见故障的分析和排除方法

故障现象		故障原因	排除方法
溢流阀	无压力	主阀故障(阀芯阻尼孔堵塞、阀芯卡死、复位弹簧损坏等)	清洗阀,更换油液、阀芯、复位弹簧等
		先导阀故障(调压弹簧坏或未装、无阀芯等)	更换调压弹簧、阀芯等
		远程控制阀故障或控制油路故障	检查远程控制阀、控制油路
		液压泵故障(电气线路故障、泵损坏等)	修理液压泵、检查电气线路
	压力突然下降	主阀故障(阻尼孔堵塞、密封件损坏、阀芯和阀体配合不良造成阀芯卡死)等	清洗阀,更换油液、阀芯,更换密封件等
		先导阀故障(阀芯卡住、调压弹簧断等)	更换调压弹簧、阀芯等
	压力波动大	主阀芯和阀体配合不良,动作不灵活、调压弹簧弯曲变形等	检修阀芯、更换弹簧
	压力升不高	主阀故障(阀芯卡死、阀芯和阀体不配合、密封性差、有泄漏等)	更换阀芯、修配、更换密封等
		先导阀故障(弹簧坏或不合适、阀芯和阀座密封性差等)	更换弹簧、阀芯等
		远程控制阀故障(泄漏、油路故障等)	检修远程控制阀
减压阀	不起减压作用	泄漏口不通、阀芯卡死等	清洗、更换阀芯
	压力不稳定	主阀芯和阀体配合不良,动作不灵活、调压弹簧弯曲等	检修阀芯、更换弹簧
	无二次压力	主阀芯卡死、进油路不通、阻尼孔堵塞等	修理、清洗、更换阀芯
顺序阀	不起顺序作用	主阀芯卡死、先导阀卡死、阻尼孔堵、弹簧调整不当或损坏等	检修、清洗、更换弹簧
	调定压力不符合要求	调压弹簧调整不当或弹簧损坏、阀芯卡死等	重新调整、更换弹簧、修理和过滤、更换油液
压力继电器	不发信号	微动开关损坏、阀芯卡死、进油路堵塞、电气线路故障等	更换微动开关、清洗、修理、检查电气线路
	灵敏度差	摩擦阻力大、装配不良、阀芯移动不灵活等	调整、重新装配、清洗、修理

表 5-3　流量控制阀常见故障的分析和排除方法

故障现象		故障原因	排除方法
节流阀	节流阀不出油	油液脏堵塞节流口、阀芯和阀套配合不良造成阀芯卡死、弹簧弯曲变形或刚度不合适等	检查油液、清洗阀,检修,更换弹簧
		系统不供油	检查油路

续表

故 障 现 象		故 障 原 因	排 除 方 法
节流阀	执行元件速度不稳定	节流阀节流口、阻尼孔有堵塞现象,阀芯动作不灵敏等	清洗阀、过滤或更换油液
		系统中有空气	排除空气
		泄漏过大	更换阀芯
		节流阀的负载变化大,系统设计不当,阀的选择不合适	选用调速阀或重新设计回路
调速阀	不出油	油液脏堵塞节流口、阀芯和阀套配合不良造成阀芯卡死、弹簧弯曲变形或刚度不合适等	检查油液、清洗阀,检修,更换弹簧
	执行元件速度不稳定	系统中有空气	排除空气
		定差式减压阀阀芯卡死、阻尼孔堵塞、阀芯和阀体装配不当等	清洗调速阀、重新修理
		油液脏堵塞阻尼孔,阀芯卡死	清洗阀、过滤油液
		单向调速阀的单向阀密封不好	修理单向阀

表 5-4   方向控制阀常见故障的分析和排除方法

故 障 现 象		故 障 原 因	排 除 方 法
普通单向阀	正向通油阻力大	弹簧刚度不合适	更换弹簧
	反向有泄漏	弹簧变形或损坏	更换弹簧
		阀口密封性不好	修配、使之配合良好
		阀芯卡死	清洗、修理
液控单向阀	双向通油时反向不通	控制压力无、过低	检查、调整控制压力
		控制阀芯卡死	清洗、修配、使之移动灵活
	单向通油时反向有泄漏	阀口密封性不好	修配、使之配合良好
		弹簧变形或损坏	更换弹簧
		锥阀与阀座不同心、锥面与阀座接触不均匀	检修或更换
		阀芯卡死	修配使之配合良好
换向阀	主阀芯不运动	电磁铁故障	见下面电磁铁部分
		先导阀故障(弹簧弯曲、阀芯和阀体配合有误差)使阀芯卡死	更换弹簧
		主阀芯卡死(阀芯和阀体几何精度差、配合过紧、阀芯表面有杂质或毛刺)	修理
		液控阀故障(无控制油、油路被堵、控制油压过小、有泄漏)	检查油路
		油液过脏使阀芯卡死、油温过高、油液变质	过滤、更换油液
		弹簧不合要求(过硬、变形、断裂等)	更换弹簧

故 障 现 象		故 障 原 因	排 除 方 法
换向阀	冲击与振动	固定螺钉松动	紧固螺钉
		大通径电磁换向阀电磁铁规格大	采用电液换向阀
		换向控制力过大	调整
电磁铁	交流电磁铁烧毁	线圈绝缘不良,电压过高或过低	检查电源
		衔铁移动不到位(阀芯卡死、推杆过长)	清洗阀,修配推杆
		换向频率过高	降低
	电磁铁吸力不足	电压过低	检查电源
	换向时产生噪声	吸合不良(衔铁吸合端面有污物或凸凹不平)	清洗,修理
		推杆过长或过短	修配

习　题

1.溢流阀为（　　）压力控制，阀口常（　　），先导阀弹簧腔的泄漏油与阀的出口相通。定值减压阀为（　　）压力控制，阀口常（　　），先导阀弹簧腔的泄漏油必须（　　）。

2.顺序阀在系统中作卸荷阀用时，应选用（　　）型，作背压阀时，应选用（　　）型。

（A）内控内泄式　　（B）内控外泄式　　（C）外控内泄式　　（D）外控外泄式

3.直动式溢流阀的弹簧腔如果不和回油腔接通，将出现什么现象？如果先导式溢流阀的远程控制口当成泄油口接回油箱，液压系统会产生什么现象？如果先导式溢流阀的阻尼孔被堵，将会出现什么现象？用直径较大的通孔代替阻尼孔，先导式溢流阀的工作情况如何？

4.图 5-50 为液压系统，各溢流阀的调整压力分别为 $p_1 = 7$MPa，$p_2 = 5$MPa，$p_3 = 1$MPa，当系统的负载趋于无穷大时，在电磁铁断电和通电的情况下，油泵出口压力各为多少？

5.图 5-51 为回路，溢流阀的调整压力为 5MPa，减压阀的调整压力为 2MPa，负载压力为 1MPa；设减压阀全开时压力损失为 0.5MPa，其他损失不计。试求活塞运动期间和碰到死挡铁后管路中 A、B 处的压力值。

6.从结构原理图和符号图，说明溢流阀、顺序阀、减压阀的不同特点。

7.节流阀的最小稳定流量有什么意义？影响其数值的主要因素有哪些？

8.简述调速阀和溢流节流阀的工作原理，二者在结构原理和使用性能上有何区别？

9.液控单向阀为什么有内泄和外泄之分？什么情况下采用外泄式？

10.换向阀的控制方式有哪几种？

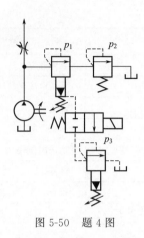

图 5-50 题 4 图

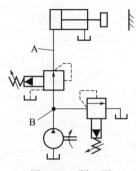

图 5-51 题 5 图

11. 何为换向阀的"位"与"通"? 画出 O 型、H 型、P 型、M 型、Y 型中位机能的符号,并简述它们的工作特点。

12. 电磁换向阀采用直流电磁铁和交流电磁铁各有何特点? 干式电磁铁和湿式电磁铁各有什么特点?

13. 试分析二通插装阀与普通液压阀相比,有何优缺点。

14. 用四个插装组件和四个二位三通电磁换向阀组成一个四通换向阀,每一个插装组件均用一个二位三通电磁换向阀单独先导控制,电磁阀通电,主阀开启,电磁阀断电,主阀关闭,四个先导电磁阀按不同组合通电,可以实现主阀的 12 个换向位置,请画出回路图和与电磁铁通电状态相对应的换向机能。

15. 电液比例溢流阀同普通溢流阀相比,有哪些特点?

16. 电液比例方向阀与普通方向阀相比,有哪些特点?

第6章

实用液压技术一本通

液压辅助元件

　　液压辅助元件包括蓄能器、过滤器、油箱、管道及管接头、密封件等。这些元件，从在液压系统中的作用看，仅起辅助作用，但从保证完成液压系统的任务看，它们是非常重要的。它们对系统的性能、效率、温升、噪声和寿命影响极大，必须给予足够的重视。除油箱常需自行设计外，其余的辅助元件已标准化和系列化，皆为标准件，但应注意合理选用。

6.1　蓄能器

　　蓄能器是一种能够储存油液的压力能并在需要时释放出来供给系统的能量储存装置。

6.1.1　蓄能器的类型、结构和工作原理

　　目前常用的是充气式蓄能器，它是利用气体（一般为氮气）的膨胀和压缩进行工作的。充气式蓄能器按结构的不同可分为活塞式、气囊式等。

　　❶ 活塞式蓄能器　活塞式蓄能器的结构如图 6-1 所示。活塞 1 的上部为压缩气体（一般为氮气），下部为压力油液，气体由充气阀 3 充入（充气后充气阀关闭），压力油从下部进油口进入，活塞随下部压力油的流入和流出在缸体 2 内滑动，利用气体的压缩和膨胀来储存和释放液压能。

　　这种蓄能器的优点是结构简单、安装容易、维护方便、寿命长。缺点是：由于受活塞运动时惯性和摩擦力的影响，反应不够灵敏，不适于作吸收脉动和液压冲击用。此外，缸筒和活塞之间有密封性能要求，且密封件磨损后，会使气液混合，影响系统的工作稳定性。

　　❷ 气囊式蓄能器　气囊式蓄能器的结构如图 6-2 所示。气囊 1（用耐油橡胶制成）和充气阀 2 一起压制而成，固定在壳体 3 的上部，通过充气阀往气囊内充进一定压力的气体（一般为氮气），充气阀充气时打开，蓄能器工作时关闭。壳体的下

端有一提升阀 4，它能使油液通过阀门进入蓄能器，又可以防止油液全部排出时气囊膨胀出壳体。气囊式蓄能器的优点是气囊惯性小，反应灵敏，可吸收急速的压力冲击和脉动，体积小，重量轻，是目前应用最广泛的一种蓄能器，已形成系列化批量生产。

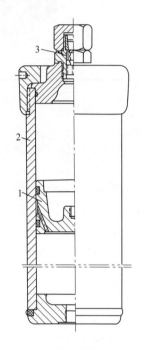

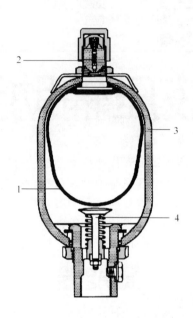

图 6-1　活塞式蓄能器的结构　　　　　图 6-2　气囊式蓄能器的结构
1—活塞；2—缸体；3—充气阀　　　　1—气囊；2—充气阀；3—壳体；4—提升阀

6.1.2　蓄能器的功用

❶ 作应急动力源　在有些液压系统中，当泵或电源发生故障，供油突然中断时，可能会发生事故。如果在液压系统中增设蓄能器作为应急动力源，当供油突然中断时，在短时间内仍可维持一定的压力，使执行元件继续完成必要的动作。

❷ 作辅助动力源　当执行元件作间歇运动或只作短时间的快速运动时，为了节省能源和功率，降低油温，提高效率，可采用蓄能器做辅助动力源和液压泵联合使用的方式。当执行元件慢进或不动时，蓄能器储存液压泵的输油量；当执行元件需快速动作时，蓄能器和液压泵一起供油。

❸ 补漏保压　当执行元件停止运动时间较长，且要求保压时，如果在液压系统中增设蓄能器，利用蓄能器储存的压力油补偿油路上的泄漏损失，就可保持系统所需压力。此时泵可卸荷。

❹ 吸收压力脉动，缓和液压冲击　在液压系统中，液压泵存在着不同程度的流量和压力脉动。另一方面，运动部件的启动、停止和换向又会产生液压冲击。压

力脉动过大会影响液压系统的工作性能，冲击压力过大会使元件损坏。若在脉动源处设置蓄能器，就可达到吸收脉动压力，缓和液压冲击的效果。

6.1.3　蓄能器的安装和使用

蓄能器在液压系统中的安放位置随其功用不同而不同。吸收压力脉动或吸收液压冲击时，应装在脉动源或冲击源近旁；补油保压时，应尽可能装在相关的执行元件附近。蓄能器还应安装在便于检查和维修的位置，并远离热源。

使用蓄能器须注意以下几点。

❶ 充气式蓄能器应充装惰性气体（一般为氮气），绝对禁止充装氧气。其工作压力视蓄能器结构形式而定，例如气囊式为 3.5～31.5MPa。

❷ 不同的蓄能器各有其适用的工作范围，例如气囊式蓄能器的气囊强度不高，不能承受很大的压力波动，且只能在 −20～70℃ 的温度范围内工作。

❸ 充气式蓄能器应垂直安装（油口向下，充气阀向上）。

❹ 蓄能器工作时，承受液压力的作用，因此必须牢固地固定在托架上（图 6-3）。

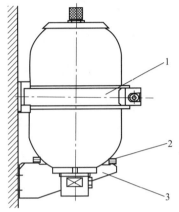

图 6-3　气囊式蓄能器的安装
1—夹紧箍；2—橡胶垫圈；3—托架

❺ 蓄能器与管路系统之间应安装截止阀，供充气、检修时使用。蓄能器与液压泵之间应安装单向阀，防止液压泵停车时蓄能器内储存的压力油液倒流。

6.2　过滤器

由于外界的灰尘、脏物以及油液和管道的氧化变质，油液中不可避免地混入各种固体杂质，它们侵入系统后，会使相对运动零件的表面磨损、划伤或卡死，还会堵塞小孔和阀口。**据统计在液压系统中，约 75% 以上的故障是由于油液污染造成的。因此，为了使液压元件和系统正常工作，必须保持油液清洁。**

消除油液中的固体杂质的最有效的办法是使用各种过滤器（又称滤油器），油液经过过滤器的无数微小间隙或小孔时，油液中各种尺寸大于间隙或小孔的固体颗粒被阻隔，从而使油液保持清洁。

6.2.1　过滤器的主要性能指标

滤油器一般由滤芯和壳体组成（图 6-4），由滤芯上许多微小间隙或小孔构成通流面积。液压油通过滤芯时，混入液压油中尺寸大于滤芯上微小间隙或小孔的杂质，就被阻隔而滤除。

过滤器的主要性能指标有过滤精度、压降特性、纳垢容量、承压能力等。

❶ **过滤精度**　过滤精度是选用过滤器时最重要的性能指标，它是指通过过滤器的坚硬球状颗粒的最大尺寸，它反映了滤芯的最大通孔直径。从理论上来说，大于该尺寸的固体颗粒就不能通过滤芯。不同类别的液压系统，对过滤精度的要求不同，工作压力越高，过滤精度的要求也越高。国产过滤器的精度系列为 1、3、5、10、20、30、50、80、100、180（μm），分为粗（$>50\mu m$）、中等（$30\sim50\mu m$）、精（$10\sim20\mu m$）、高精（$1\sim5\mu m$）四级。

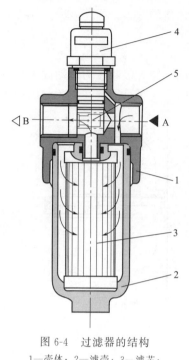

图 6-4　过滤器的结构
1—壳体；2—滤壳；3—滤芯；
4—污染堵塞发信器；
5—旁通阀

❷ **压降特性**　压降特性主要是指油液通过过滤器滤芯时所产生的压力损失，在相同流量下，滤芯的精度越高，所产生的压降越大，滤芯的有效过滤面积越大，其压降就越小。油液的黏度愈大，压力降愈大。

❸ **纳垢容量**　纳垢容量是指过滤器在压力降达到规定值以前，可以滤除并容纳的污垢数量。纳垢容量越大，过滤器的使用寿命越长。

❹ **承压能力**　滤油器壳体所能承受的最大工作压力。滤油器的承压能力根据其在系统中所处的位置而不同。

6.2.2　过滤器的种类和结构特点

按滤芯材料和结构的不同，过滤器可分为网式、线隙式、纸芯式和磁性式等多种。

❶ **网式过滤器**　网式过滤器的结构如图 6-5 所示。铜丝滤网 1 包在四周开有很多窗口的塑料或金属圆筒形骨架上，以使滤网有一定的强度和刚度。过滤精度由网孔大小和层数决定。网式过滤器的特点是结构简单，通流能力大，清洗方便，压降小；但过滤精度低（一般为 $80\sim180\mu m$），常用于液压系统的吸油管路。

❷ **线隙式过滤器**　线隙式过滤器的结构与如图 6-4 相似。滤芯结构如图 6-6 所示，用金属线（常用铜线或铝线）绕在筒形芯架 1 的外部组成。芯架上开有许多径向孔 2 和轴向槽 3。线隙式过滤器是靠金属线间的微小间隙来阻挡油液中杂质的通过。油液经线间隙和芯架上的纵向槽与径向孔流入过滤器内部，再从左部孔流出。这种过滤器的特点是结构简单，通流能力大，过滤精度较高（一般为 $30\sim100\mu m$），但不宜清洗，常用于低压系统和泵的吸油口。

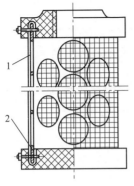

图 6-5 网式过滤器

1—铜丝滤网；2—筒形骨架

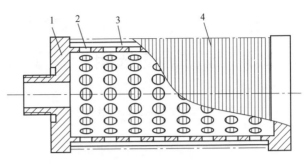

图 6-6 线隙式滤芯

1—筒形芯架；2—径向孔；3—轴向槽；4—线圈

❸ 纸芯式过滤器 纸芯式过滤器的结构与图 6-4 基本相同，滤芯结构如图 6-7 所示，滤芯材料用平纹或波纹的酚醛树脂或木浆微孔滤纸制成。为了增加滤纸的过滤面积，纸芯 1 一般做成折叠形；纸芯内有带孔的镀锡铁皮制成的骨架 2，以增加滤芯的强度。这种过滤器过滤精度高（5～30μm），重量轻，结构紧凑，通流能力大，但堵塞后无法清洗，需经常更换纸芯，一般作精过滤器使用。

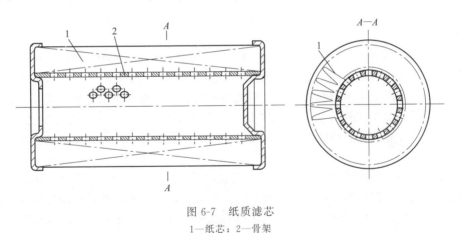

图 6-7 纸质滤芯

1—纸芯；2—骨架

过滤器工作时，因杂质逐渐积聚在滤芯上而使滤芯压差逐渐增大，为了避免将滤芯压破，防止未过滤的油液进入系统，过滤器的顶部可设置污染指示器，一种污染指示器结构如图 6-8 所示。它由弹簧 1、活塞 2、磁铁 3 和开关 4 等组成，活塞 2 和磁铁 3 在弹簧 1 的作用下处于右边位置；当滤芯堵塞严重，流经过滤器产生的压差达到一定的值时，压差作用力大于弹簧力，推动活塞和磁铁左移，开关在小弹簧作用下动作发出信号，提醒操作人员更换滤芯。

❹ 磁性过滤器 磁性过滤器是利用磁铁来吸附油液中的铁质微粒。简易的磁

性过滤器可由几块磁铁组成。由于这种过滤器对其他杂质不起作用，所以常和其他滤芯组成组合滤芯，制成复式过滤器。

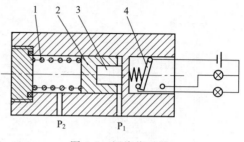

图 6-8　污染指示器

1—弹簧；2—活塞；3—磁铁；4—开关

6.2.3　过滤器的选用

选用过滤器时，应综合考虑以下几方面的因素，以获得最佳的工作可靠性和经济性。

❶ 过滤精度应满足系统中关键元件对过滤精度的要求。

❷ 能够在较长的时间内保持足够的通流能力。

❸ 有足够的承压能力，不因液压力的作用而损坏。

❹ 滤芯要有好的抗腐蚀性能，能在规定的温度下持久地工作。

❺ 便于清洗或更换滤芯。

6.2.4　过滤器的安装

❶ 安装在泵的吸油管路上　如图 6-9（a）所示，它主要是用来保护液压泵，防止泵遭受较大杂质颗粒的直接伤害。为了不影响泵的吸油性能，要求过滤器有较大的通流能力，较小的阻力和压降。为此一般采用过滤精度低的网式过滤器。

❷ 安装在泵的压油管路上　在压油管路上安装过滤器，如图 6-9（b）所示，可以保护除液压泵和溢流阀以外的其他液压元件，因在高压下工作，要求过滤器能够承受系统的最高工作压力和冲击力，要能够通过压油管路的全部流量，且要放在安全阀的后面，以保护液压泵。为了防止过滤器堵塞后，因压降过大而使滤芯破坏，可在过滤器旁并联一个单向阀或污染指示器，单向阀的开启压力等于过滤器允许的最大压降。

❸ 安装在回油管路上　在回油路上安装过滤器，如图 6-9（c）所示，可以滤除油液流入油箱前的污染物，虽不能直接防止污染物进入系统，但可以间接地保护系统。由于安装在低压回路，故可用承压能力低的过滤器。为了防备过滤器堵塞，也可并联一个单向阀或污染指示器。过滤器的流通能力应保证通过回流管路上的最大流量。

❹ 安装在分支油路上　当泵的流量较大时，全部过滤将使过滤器过大，为此可将过滤器安装在系统的支路上，如图 6-9（d）所示。由于工作时只有一部分油液通过过滤器，所以这种方式又称为局部过滤法。采用这种方式滤油时，通过过滤器的流量不应小于总流量的 20%～30%。其缺点是不能完全保证液压元件的安全。

❺ 单独过滤回路　如图 6-9（e）所示，这是用辅助泵和过滤器组成的一个独立

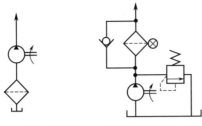
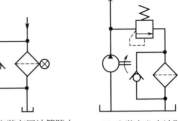

(a) 安装在泵的吸油管路上　(b) 安装在泵的压油管路上　(c) 安装在回油管路上　(d) 安装在分支油路上

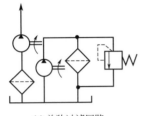
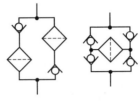

(e) 单独过滤回路　　　　　　(f) 双向过滤回路

图 6-9　过滤器的安装

于主系统之外的过滤回路，对清除油液中的全部杂质很有利，不过需增加一套液压泵和过滤器。此种方式特别适用于大型液压系统。

❻ 双向过滤回路　如图 6-9(f) 所示，安装过滤器时应注意一般的过滤器都只能单向使用，所以应安装在液流单向通过的地方，最好不要装在液流方向经常要改变的油路上。若必须这样设置时，应适当增设单向阀和过滤器，以保证双向过滤。

6.3　油箱

油箱用于储存系统所需的足够油液，并且有散热和分离油中气泡等作用。油箱有开式和闭式之分，开式油箱上部开有通气孔，使油面与大气相通，用于一般的液压系统。闭式油箱完全封闭，箱内充有压缩气体，用于水下、高空或对工作稳定性等有严格要求的地方。本节只介绍广泛应用的开式油箱。

6.3.1　油箱的结构

油箱不是标准件，一般要根据具体情况自行设计，油箱的典型结构如图 6-10 所示。图中 7 为吸油管，8 为回油管，中间有隔板 4 将吸油区和回油区分开，顶部装有空气过滤器 1，侧面装有液位指示器 6，油箱的底部设置有放油口 9，箱体 2 的外侧有吊耳 3。为了便于清洗和维修，箱体两侧可设清洗窗口 5。

6.3.2　油箱的设计要点

设计油箱时应考虑以下几个方面的因素。

❶ 油箱的有效容积　油箱的有效容积（为油箱总容积的 80%）对于功率较大、

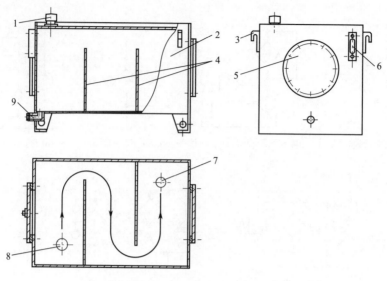

图 6-10　油箱结构示意图

1—空气过滤器；2—箱体；3—吊耳；4—隔板；5—清洗窗口；6—液位指示器；

7—吸油管；8—回油管；9—放油口

连续工作的液压系统来说，应根据液压系统的发热与散热达到热平衡的原则进行计算。一般按下列经验公式确定油箱的有效容积。

$$V = mq_p \tag{6-1}$$

式中　V——油箱的有效容积，单位为 L；

　　　q_p——液压泵的流量，单位为 L/min；

　　　m——与系统压力有关的系数，低压系统取 2～4，中压系统取 5～7，高压系统取 10～12。

对于执行元件为单活塞杆液压缸（特别是缸径大行程长）的系统，油箱容积要考虑液压缸在两个方向上运动时排油体积的差值，适当加大油箱容积，以防止出现活塞杆外伸时油箱液面过低或活塞杆内缩时油箱溢油现象。

❷ 油箱箱体的结构　油箱的外形可依总体布置确定，从有利于散热的角度考虑，宜采用长方体。油箱的三向尺寸可根据安放在顶盖上的泵和电机及其他元件的尺寸、最高油面只允许到达箱体内高度的 80% 来确定。

中小型油箱的箱体常用 3～5mm 厚的钢板直接焊成，大型油箱的箱体则用角钢焊成骨架后再焊上钢板。箱体的强度和刚度要能承受住装在其上的元器件的重量、机器运转时的转矩及冲击等，为此，油箱顶部的厚度应比侧壁厚 3～4 倍。为了便于散热、放油和搬运，油箱体底脚高度应为 150～200mm，箱体四周要有吊耳，底脚的厚度为油箱侧壁厚度的 2～3 倍。箱体的底部应设置放油口，且底面最好向放油口倾斜，以利清洗和排除油污。

❸ 吸油管、回油管和泄油管的设置　吸油管和回油管应尽可能远离，中间用

一块或几块隔板隔开，例如图 6-10 下图，以增加油液的循环距离，使油液有足够的时间分离油液中的气泡和散热。隔板的高度为箱内油面高度的 3/4。

吸油管和回油管的管口，在油面最低时仍应能浸入油面以下，防止吸油时吸入空气或回油冲入油箱时搅动油面，混入气泡。管口和底面以及和箱壁之间的距离不小于管径的 2～3 倍。回油管口应截成 45°斜角，以增大排油口的面积，使流速变化缓慢，减小振动，且管口应面向最近的箱壁，以利散热。吸油管入口处，要装上有足够过滤能力的过滤器，其安装位置要便于拆装和清洗，距箱底不应小于 20mm，离箱壁不应小于管径的 3 倍，以便四周进油。

泄油管的安装分两种情况，阀类的泄油管安装在油箱的油面以上，以防止产生背压，影响阀的工作；液压泵或缸的泄油管则安装在油面以下，这是为了不使空气混入。

❹ 加油口和空气过滤器的设置　加油口应设置在油箱的顶部便于操作的地方，加油口应带有过滤网，平时加盖密封。为了防止空气中的灰尘杂物进入油箱，保证在任何情况下油箱始终与大气相通，油箱上的通气孔应安装规格足够大的空气过滤器。空气过滤器（又称空气滤清器）是标准件，并将加油过滤功能组合为一体结构，可根据需要选用。

❺ 液位指示器的设置　液位指示器用于监测油面高度，所以其窗口尺寸应满足对最高、最低油位的观察，且要装在易于观察的地方。液位指示器（又称液位计）也是标准件，可根据需要选用。

❻ 密封和防锈　为了防止外部的污染物进入油箱，油箱上各盖板、油管通过的孔处都要妥善密封。油箱内壁应涂耐油防锈的涂料或磷化处理。

❼ 其他设计要点　油箱应开设供清洗、安装和维护等用的窗口，并注意密封。必要时，还应安装温度计和热交换器，以保证油箱正常的工作温度（15～65℃），并考虑好其位置，以便监测和控制。

6.4　管道及管接头

管道和管接头是液压系统中传导工作液的重要元件，系统用管道输送油液，用管接头把油管和油管及油管与元件连接起来构成管路系统。如果管道及管接头设计和安装不当，尽管液压装置中的元件都是优良的，依然会产生振动、噪声、泄漏和发热等不良现象，使液压装置不能正常工作。因此，必须正确设计和选择管道及管接头。

6.4.1　管道的种类和材料

液压系统中使用的管道有钢管、铜管、尼龙管、塑料管和橡胶管等。油管材料的选择是根据液压系统各部位的压力、工作要求和各部件间的位置关系等确定的。

❶ 钢管　钢管的特点是耐高压，变形小，耐油性、抗腐蚀性比较好，价格

较低，装配时不易弯曲，装配后能长久地保持原形。常在拆装方便处用作压力管道。中、高压系统常用冷拔无缝钢管，低压系统、吸油和回油管路允许用有缝钢管。

❷ 紫铜管 其特点是易弯曲成形，安装方便，其内壁光滑，摩擦阻力小，但耐压低，抗振能力弱，易使油液氧化，且铜价格较贵，所以尽量不用或少用。通常只限于用作仪表等的小直径油管。

❸ 尼龙管 其特点是乳白色半透明，可观察油液流动情况，加热后可任意弯曲和扩口，冷却后定形。常用于中、低压系统。

❹ 塑料管 塑料管的特点是耐油，价格低，装配方便，但耐压能力低，长期使用会老化。一般只作回油管路。

❺ 橡胶软管 橡胶软管具有可挠性、吸振性和消声性，但价格高，寿命短。常用于有相对运动的部件的连接。橡胶软管有高压和低压两种，高压管用加有钢丝的耐油橡胶制成，钢丝有交叉编织和缠绕两种，一般有 1～3 层，钢丝层数越多，耐压越高；低压橡胶软管是由加有帆布的耐油橡胶制成，用于回油管路。

6.4.2 管道的尺寸

为了减小油液流经管道时的能量损失，要求管道及其连接部分必须有合适的直径和厚度，光滑的内管壁，最短的长度，并尽量避免急转弯和截面突变。

根据液压系统的流量和压力，管道的内径 d 和壁厚可用以下两式计算。

$$d = 2\sqrt{\frac{q}{\pi v}} \tag{6-2}$$

$$\delta = \frac{pd}{2[\sigma]} \tag{6-3}$$

式中　p、q——管道内的最大工作压力和最大流量；

　　　　v——管道允许流速。各部位流速的推荐值，吸油管道取 $v \leqslant 0.5 \sim$ 1.3m/s（一般取 1m/s 以下），回油管道取 $v \leqslant 1.5 \sim 2.5$m/s，压力管道取 $v \leqslant 2.5 \sim 5$m/s（压力高、管道短、油液黏度小时取大值，反之取小值），橡胶软管取 $v < 4$m/s。

　　　　$[\sigma]$——管材的许用应力。对钢管，$[\sigma] = \sigma_b / n$，σ_b 为管材的抗拉强度，可由材料手册查出；n 为安全系数，当 $p \leqslant 7$MPa 时，取 $n = 8$，当 7MPa$< p \leqslant 17.5$MPa 时，取 $n = 6$，当 $p > 17.5$MPa 时，取 $n = 4$。对铜管，$[\sigma] \leqslant 25$MPa。

由公式计算出的管道内径 d 和壁厚 δ，应圆整为标准管径尺寸的油管。钢管公称通径、外径、壁厚、连接螺纹及推荐流量值见表 6-1。

表 6-1　钢管公称通径、外径、壁厚、连接螺纹及推荐流量表

公称通径 D_N		钢管外径 /mm	管接头连接螺纹 /mm	公称压力 p_N/MPa					推荐管路通过流量 /L·min^{-1}
/mm	/in			≤2.5	≤8	≤16	≤25	≤31.5	
				管子壁厚/mm					
3	—	6		1	1	1	1	1.4	0.63
4	—	8	—	1	1	1	1.4	1.4	2.5
6	1/8	10	M10×1	1	1	1	1.6	1.6	6.3
8	1/4	14	M14×1.5	1	1	1.6	2	2	25
10	3/8	18	M18×1.5	1	1.6	1.6	2	2.5	40
15	1/2	22	M22×1.5	1.6	1.6	2	2.5	3	63
20	3/4	28	M27×2	1.6	2	2.5	3.5	4	100
25	1	34	M33×2	2	2	3	4.5	5	160
32	1 1/4	42	M42×2	2	2.5	4	5	6	250
40	1 1/2	50	M48×2	2.5	3	4.5	5.5	7	400
50	2	63	M60×2	3	3.5	5	6.5	8.5	630
65	2 1/2	75	—	3.5	4	6	8	10	1000
80	3	90	—	4	5	7	10	12	1250
100	4	120	—	5	6	8.5	—	—	2500

6.4.3　管接头

管接头是油管与油管、油管与液压元件中间的连接件，它应满足连接牢固，密封可靠，外形尺寸小，通流能力大，装配方便，工艺性能好等要求，特别是管接头的密封性能是影响系统外泄漏的重要原因。所以对管接头要给予足够的重视。

在液压系统中，通径大于 50mm 的金属管一般都采用法兰连接。对于小直径的油管用管接头连接，其形式很多，按管接头的通路数量和流向来分，有直通、直角、三通、四通和铰接管接头等。按油管和管接头连接方式的不同，可分为扩口式管接头、卡套式管接头和焊接式管接头多种，如图 6-11 所示。

软管与油管或软管与元件之间的连接，都采用软管接头，其形式也很多，目前常用的有可拆式和扣压式（不可拆式）两种。

管接头和其他元件之间可采用普通细牙螺纹连接［用于高压系统，接头体与连接部位依靠组合密封垫圈 9 来密封，见图 6-11(b)、(c)、(d)］或用锥螺纹连接［多用于中低压系统，见图 6-11(a)］。

❶ 扩口式管接头　其连接情况如图 6-11(a) 所示。装配前，先把被连接的管子 4 在专用工具上扩成喇叭口，扩口角约为 74°，再用接头螺母 2 将管套 3 连同接管子 4 一起压紧在接头体 1 的锥面上形成密封。管套的作用是防止拧紧螺母时管子跟着转动。此种接头结构简单，连接可靠，装配维护方便，适用于铜管和薄壁钢管以及其他低压薄壁管道的连接。

❷ 卡套式管接头　图 6-11(b) 所示为卡套式管接头的连接情况。管接头由接

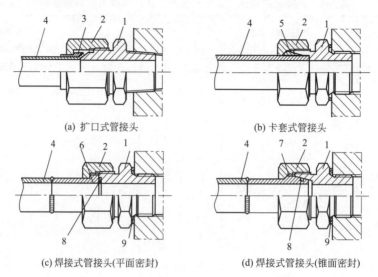

图 6-11　管接头

1—接头体；2—接头螺母；3—管套；4—管子；5—卡套；6—平面接管；

7—锥面接管；8—O 形密封圈；9—组合密封垫圈

头体 1、卡套 5 和接头螺母 2 组成，卡套是一个在内圆端部带有锋利刃口的金属环，拧紧螺母 2 时，卡套与接头体内锥面接触形成密封，同时刃口切入管子 4 的表面，起到连接和密封的作用。这种管接头使用压力可达 32MPa，密封和工作可靠，装拆方便，广泛用于高压系统。

❸ 焊接式管接头　图 6-11（c）所示为焊接式管接头的结构和连接情况，先将螺母 2 套在接管 6 上，再将管子 4 的端部与接管 6 焊接，拧紧螺母，把接管和接头体 1 连接起来。接管和接头体的结合处用平面 ［图 6-11（c）］ 或用锥面 ［图6-11（d）］ 加 O 形密封圈密封，以防渗漏。前者装拆方便，后者具有自位性，故密封性更佳。焊接式管接头主要用于高压系统，使用压力可达 32MPa。焊接式管接头制造简单，工作可靠，装拆方便，但对焊接质量要求很高。焊后需做严格的清洗。

图 6-11 所示的都是直通管接头，还有直角、三通、四通和铰接管接头的多种形式，具体可查有关手册。

❹ 软管接头　对于软管接头，除要求具备一般管接头的工作可靠性外，还应具备耐振动、耐冲击和耐反复屈伸等性能。可拆式和扣压式胶管接头，各有 A、B、C 三种形式，A 型采用焊接管接头，B 型采用卡套管接头，C 型采用扩口式管接头。随管径的不同，可用于不同的工作压力系统中。图 6-12 所示为扣压式软管接头的连接情况，由接头外套 3 和接头芯 2 组成。装配前先剥去胶管 1 的一段外胶层，然后把外套套在剥去外胶的胶管上，再插入接头芯，最后利用专用模具进行挤压收缩，使外套内锥面上的环形齿嵌入钢丝层达到牢固的连接，也使接头芯与胶管内胶层压紧而达到密封的目的。这种管接头结构紧凑，密封可靠，耐冲击和振动，

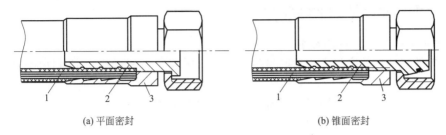

(a) 平面密封   (b) 锥面密封

图 6-12　扣压式软管接头

1—橡胶软管；2—接头芯；3—接头外套

但扣压后不能拆开重复使用。

❺ 快换接头　当管路中的某处需要经常拆装时，可以采用快换接头，且无需使用工具。图 6-13 所示为快换接头的非连接情况。快换接头连接时，将外套 13 向左推，接头体 12 插入接头体 1 中，两单向阀芯 4、9 的前端相互顶挤，迫使阀芯后退并压缩弹簧 3、10，使油路接通，然后外套 13 在复位弹簧 6 作用下将钢球 7（有6～12 颗）推入接头体 12 卡槽内。需要断开油路时，可用力将外套 13 向左推，钢球 7 即从接头体 12 的卡槽中退出，同时向右拉出接头体 12，两单向阀分别在弹簧3 和 10 的作用下将两管口关闭，油路即断开。

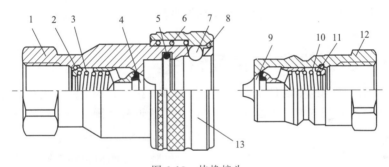

图 6-13　快换接头

1,12—接头体；2,8,11—卡环；3,10—弹簧；4,9—单向阀芯；

5—密封圈；6—复位弹簧；7—钢球；8—卡环；13—外套

6.5　密封件

在液压系统及其液压元件中，密封件用来防止液压元件和系统的内、外泄漏。内泄漏会降低系统的容积效率，严重时使系统建立不起压力而无法工作；外泄漏会造成工作介质的浪费和环境的污染。因此，密封件对保证液压系统正常工作是十分重要的。

6.5.1　对密封件的要求

液压系统对密封件的基本要求如下。

❶ 具有良好的密封性，泄漏量尽可能小。随着压力的增加，密封件能自动提高其密封性能。

❷ 相对运动的零件之间，因密封件引起的摩擦力要小且稳定，不致使零件运动时发生卡滞和运动不均匀的现象。

❸ 与工作介质有很好的相容性，抗腐蚀性好，耐磨、耐热，使用寿命长。

❹ 结构简单，拆装方便。

6.5.2　密封件的材料

密封件常用的材料有以下几种。

❶ 丁腈橡胶　是一种最常用的耐油橡胶，具有良好的弹性和耐热性，工作温度为 $-40\sim120℃$，有一定的强度，但摩擦因数较大。

❷ 氟橡胶　工作介质为磷酸酯无水合成液时的特殊场合使用，工作温度为 $-25\sim180℃$。

❸ 聚氨酯橡胶　其耐油性比丁腈橡胶好，具有高的强度和弹性，抗拉强度比一般橡胶高，耐磨性好，工作温度为 $-50\sim80℃$。

❹ 聚四氟乙烯　是一种耐磨性和抗腐蚀性均好的塑料密封材料，摩擦因数小，工作温度高，缺点是弹性差。

6.5.3　密封件的种类及特点

液压系统中常用的密封件是各种成形密封圈，按密封面之间有无相对运动，有静密封和动密封两种方式。下面介绍几种常用的成形密封圈。

(1) O 形密封圈

O 形密封圈由耐油橡胶制成，其结构如图 6-14(a) 所示。它的断面形状为圆形，外侧、内侧和端面都能起密封作用。O 形密封圈装入密封槽后有一定的压缩量 [图 6-14(b) 中的 δ_1、δ_2]。在无油压力时，依其自身的弹性变形力密封接触面；在有油压力作用时，O 形圈被压到槽的另一侧 [图 6-14(c)]，加大了密封接触面上的接触应力，进一步提高了密封效果。如果油压力超过一定限度，O 形圈将从密封槽的间隙中挤出 [图 6-15(a)]，使密封效果降低甚至损坏而失去密封作用。为此，对动密封，当工作压力大于 10MPa

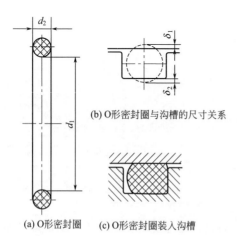

图 6-14　O 形密封圈及其工作原理

时应加挡圈；对静密封，当工作压力大于 31.5MPa 时应加挡圈。如单向受压，在非受压侧加挡圈 [图 6-15(b)]；如双向受压，在两侧同时加挡圈 [图 6-15(c)]。挡圈材料常用聚四氟乙烯。

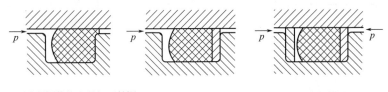

(a) O形密封圈的挤出现象(无挡圈)　(b) 单向加挡圈　　　(c) 双向加挡圈

图 6-15　高压（$p>10$MPa）下 O 形密封圈的工作状态

O 形密封圈安装时要有合适的预压缩量。预压缩量过小，密封性能不好；预压缩量过大，对动密封则摩擦力增大，密封圈易在槽中产生扭曲，加快磨损。

O 形密封圈的结构简单，密封性能好，装卸方便，摩擦阻力小，它既可用于静密封，也可用于动密封。

(2) 唇形密封圈

这类密封圈的共同特点是都具有一个与密封面接触的唇边，安装时唇口对着压力油，安装时的预压缩使唇边和被密封面紧贴，低压时唇边靠自身的预压缩弹性力来密封；当压力升高时，唇口在压力油压力的作用下张开，使唇边与被密封面贴得更紧，压力越大，密封能力越高，并能对磨损自行补偿。下面介绍几种常用的唇形密封圈。

❶ Y 形密封圈和 Y_X 形密封圈　Y 形密封圈的结构如图 6-16(a) 所示。密封侧呈唇形，其材料为耐油橡胶。Y 形密封圈的结构简单，摩擦阻力小，适用于 $p<$ 21MPa 时作内径或外径的动密封。其缺点是在滑动速度高，压力变化大的情况下，易产生"翻转"现象。

Y_X 形密封圈是一种断面的高宽比等于或大于 2 的 Y 形密封圈，也称小 Y 形密

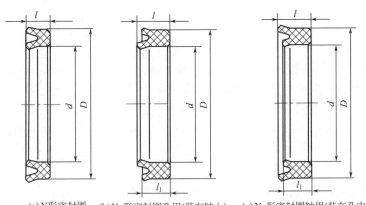

(a) Y形密封圈　(b) Y_X 形密封圈孔用(装在轴上)　(c) Y_X 形密封圈轴用(装在孔内)

图 6-16　Y 形和 Y_X 形密封圈

封圈，其材料有耐油橡胶和聚氨酯两种，结构如图 6-16（b）、（c）所示。Y_X 形密封圈的硬度高，弹性、耐油性、耐磨性和耐压性均好。由于增大了断面的高宽比而增大了支承面积，所以克服了 Y 形密封圈工作时易"翻转"的缺点。Y_X 形密封圈分孔用和轴用两种。孔用时，外唇与缸内壁间有相对运动；轴用时，其内唇与轴面间有相对运动。密封圈的两唇高度不等，在有相对运动的一侧较低，这样可以降低滑动摩擦阻力，提高使用寿命。Y_X 形密封圈采用聚氨酯材料时，工作压力可达 31.5MPa。

Y 形密封圈和 Y_X 形密封圈由于只对一个方向的压力液体起密封作用，因此当两个方向交替产生压力时，应对装两个。

❷ V 形加织物密封圈　它由压环、密封环和支承环三个形状不同的零件组成，三个环叠在一起使用，三个环的结构如图 6-17 所示。三个环可以都用加织物耐油橡胶制成，也可用金属做支承环和压环。密封环的数量随工作压力增高而增加，以保证其密封性，最大工作压力可达 31.5MPa。并可通过调节轴向压紧力来获得最佳的密封效果。V 形加织物密封圈可用于内径和外径的密封。V 形加织物密封圈的密封性好，耐高压，寿命长，在直径大、压力高、行程长的情况下多采用，其缺点是摩擦阻力大，轴向尺寸长。

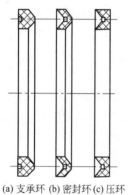

(a) 支承环 (b) 密封环(c) 压环

图 6-17　V 形加织物密封圈

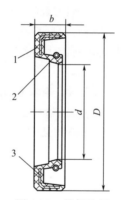

图 6-18　骨架油封

1—橡胶环；2—螺旋弹簧；3—骨架

❸ 油封（旋转轴唇形密封圈）　它由耐油橡胶制成，常用的骨架油封结构如图 6-18 所示。内部有直角圆环铁骨架 3 支撑着，其作用是增强油封的强度和刚度。内边有一根螺旋弹簧 2，使密封圈的内边收缩紧贴在轴上，起密封作用。主要用于液压泵、马达和回转缸的外伸旋转轴的密封。一般标准型油封的压力使用范围不超过 0.05MPa，最大线速度小于 15m/s。当使用压力超过 0.05MPa 时，应选用耐压型油封，其使用压力一般为 1～3MPa。

❹ 防尘密封圈　在灰尘较多，条件恶劣的环境中工作的液压缸，其活塞杆与缸盖之间除了安装密封圈防止泄漏外；一般还要安装防尘圈用以刮除活塞杆上的灰尘，以防止外部灰尘进入液压缸内部。防尘圈有骨架式和无骨架式两种，材料为耐

油橡胶或聚氨酯。图 6-19 所示为耐油橡胶制造的无骨架式防尘圈。

(3) 同轴密封圈（滑环式组合密封圈）

随着液压技术的应用日益广泛，系统和元件对密封的要求越来越高，普通的密封圈单独使用已不能很好地满足密封性能要求。因此，研究和开发了两个以上元件组成的组合密封装置。同轴密封圈就是广泛应用于中、高压液压缸的往复运动的一种密封装置，其结构形式如图 6-20 所示。O 形密封圈为滑环提供弹性预压力，靠滑环（以聚四氟乙烯树脂为基材的复合材料）组成密封接触面，因此摩擦阻力小且稳定，可以用于 40MPa 的高压。往复运动密封时，速度可达 15m/s。缺点是安装不够方便。

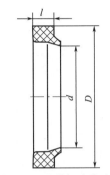

图 6-19　无骨架式防尘圈

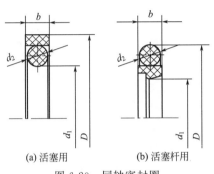

(a) 活塞用　　(b) 活塞杆用

图 6-20　同轴密封圈

(4) 组合密封垫圈

如图 6-21 所示，组合密封垫圈由耐油橡胶内圈 1 和金属外圈 2 黏合硫化而成。金属外圈起支承作用；橡胶内圈轴向受压变形后起密封作用。适用于工作压力 < 40MPa 的静密封。它对密封面的粗糙度要求为 $R_a \leqslant 6.3 \sim 1.6 \mu m$。组合密封垫圈的优点是密封性好，连接时轴向压紧力小，无需加开密封沟槽，缺点是径向尺寸较大。组合密封垫圈已广泛应用于液压系统的管接头处的密封［图 6-11(c)、(d)］。

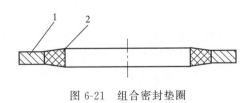

图 6-21　组合密封垫圈

习　　题

1.选用过滤器应考虑（　　）、（　　）、（　　）和其他功能，它在系统中可安装在（　　）、（　　）、（　　）和单独的过滤系统中。

2.为了便于检修，蓄能器与管路之间应安装（ ），为了防止液压泵停车或卸载时蓄能器内的压力油倒流，蓄能器与液压泵之间应安装（ ）。

3.蓄能器有哪几种类型？各有哪些功用？

4.滤油器有哪几种类型？选用时应考虑哪些因素？可能安装在什么位置？

5.试述油箱的功用，结构设计时应注意的问题。

6.油管接头有哪几种类型？说明其结构特点和使用场合。

7.常用的密封圈有哪几种类型？说明其结构特点和使用场合。

第7章

液压基本回路

由于液压技术在工程实际中的广泛应用，使得液压系统依照不同的使用场合，有着不同的组成形式。但不论实际的液压系统多么复杂，它总不外乎是由一些基本回路所组成。

所谓基本回路，就是由相关液压元件组成的，能实现某种特定功能的典型油路。它是从一般的实际液压系统中归纳、综合、提炼出来的，具有一定的代表性。熟悉和掌握基本回路的组成、工作原理、性能特点及其应用，是分析和设计液压系统的重要基础。

基本回路按其在液压系统中的功能可分为压力控制回路、速度控制回路、方向控制回路和多执行元件动作控制回路等。

7.1　压力控制回路

压力控制回路的功能是利用压力控制元件来控制整个液压系统（或局部油路）的工作压力，以满足执行元件对力（或力矩）的要求，或者达到合理利用功率、保证系统安全等目的。

7.1.1　调压回路

调压回路的功能是控制系统的最高工作压力，使其不超过某一预先调定的数值（即压力阀的调整压力）。

(1) 单级调压回路

如图 7-1(a) 所示，它是最基本的调压回路。溢流阀 2 与液压泵 1 并联，溢流阀限定了液压泵的最高工作压力，也就调定了系统的最高工作压力。当系统工作压力上升至溢流阀的调整压力时，溢流阀开启溢流，便使系统压力基本维持在溢流阀的调定压力上（根据溢流阀的压力流量特性可知，在不同溢流量时，压力值稍有波动）；当系统工作压力低于溢流阀的调定压力时，溢流阀关闭，此时系统工作压力

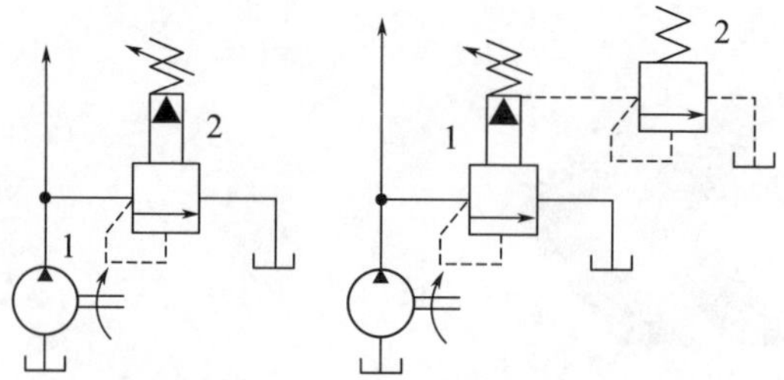

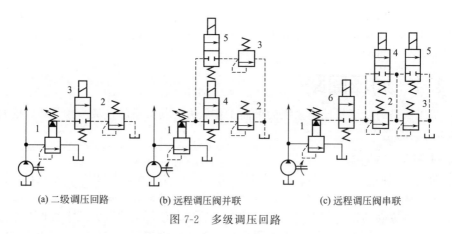

(a) 单级调压回路   (b) 远程调压回路

图 7-1   调压回路

取决于负载的情况。这里，溢流阀的调整压力必须大于执行元件的最大工作压力和管路上各种压力损失之和，作溢流阀使用时可大 5％～10％；作安全阀使用时可大 10％～20％。

(2) 远程调压回路

在先导式溢流阀的遥控口接一远程调压阀（小流量的直动式溢流阀），即可实现远距离调压，如图 7-1(b) 所示。远程调压阀 2 可以安装在操作方便的地方。由于远程调压阀 2 是与主溢流阀 1 中的先导阀并联，故先导阀的调整压力需大于远程调压阀的调整压力，这样，远程调压阀才可起到调压作用。

(3) 多级调压回路

图 7-2(a) 为二级调压回路，主溢流阀 1 调定系统最高压力；远程调压阀 2 的调整压力小于主溢流阀的调整值。通过二位二通电磁换向阀 3 的切换，获得二级调定压力。依照上述原理，又可派生出多级调压回路，如图 7-2(b) 中的远程调压阀 2、3 并联，利用电磁换向阀 4、5 的通、断电控制，构成三级调压回路；图 7-2(c) 中的远程调压阀 2、3 串联，利用电磁换向阀 4、5、6 的通、断电控制，可构成四级调压回路。

(a) 二级调压回路   (b) 远程调压阀并联   (c) 远程调压阀串联

图 7-2   多级调压回路

（4）比例调压回路

图 7-3 为比例调压回路。它利用电液比例溢流阀 1 实现无级调压。根据执行元件在各个工作阶段的不同要求，调节比例溢流阀的输入电流，即可改变系统的调定压力。这种回路组成简单，压力变换平稳，冲击小，更易于远距离和连续控制。

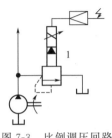

图 7-3　比例调压回路

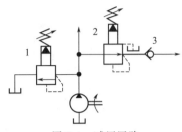

图 7-4　减压回路

7.1.2　减压回路

减压回路的功能是在单泵供油的液压系统中，使某一条支路获得比主油路工作压力还要低的稳定压力。例如辅助动作回路、控制油路和润滑油路的工作压力常低于主油路的工作压力。

常见的减压回路如图 7-4 所示。在与主油路相并联的支路上串接减压阀 2，使这条支路获得较低的稳定压力。主油路的工作压力由溢流阀 1 调定；支路的压力由减压阀 2 调定，减压阀 2 的调压范围在 0.5MPa 至溢流阀的调定压力之间。单向阀 3 的作用是，如果主油路压力降低（低于减压阀的调整压力）时防止油液的倒流。需要注意的是，当支路上的工作压力低于减压阀的调整压力时，减压阀不起减压作用，处于常开状态。

由于减压阀工作时有阀口的压力损失和泄漏引起的容积损失，所以减压回路总有一定的功率损失。故大流量回路不宜采用减压回路，而应采用辅助泵低压供油。

7.1.3　增压回路

当液压系统中某一支路需要压力很高、流量很小的压力油，若采用高压泵不经济，或根本没有这样高压力的液压泵时，就要采用增压回路来提高压力。

（1）单作用增压回路

如图 7-5（a）所示，此回路利用单作用增压缸来增压。图示位置时，液压泵供给增压缸大活塞腔以较低的压力油，在小活塞腔即可输出较高的压力油；电磁换向阀 1 换位后，增压缸活塞返回，高位辅助油箱 2 经单向阀 3 向小活塞腔补油。所以此回路只能实现间歇增压。

（2）双作用增压回路

图 7-5（b）所示回路采用双作用增压缸来增压。由电磁换向阀的反复换向（通

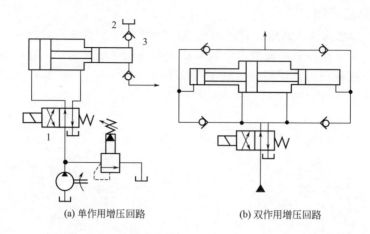

(a) 单作用增压回路　　　　　　　　(b) 双作用增压回路

图 7-5　增压回路

过增压缸的行程控制来实现），使增压缸活塞做往复运动，其两端交替输出高压油，从而实现连续增压。

7.1.4　卸荷回路

卸荷回路是在执行元件短时间停止运动，而原动机仍然运转的情况下，能使液压泵卸去载荷（即泵做空载运转）的回路。

所谓"卸荷"是指液压泵以很小的输出功率运转，即液压泵输出油液以很低的压力排回油箱；或液压泵输出很小流量的压力油。这样既减少了功率的消耗和降低了系统的温升，又延长了液压泵的使用寿命。

采用了卸荷回路，可以避免原动机的频繁启动与停止；若在启动时先行卸荷，还可使原动机在空载下启动。

常见的卸荷回路有以下几种。

(1) 用换向阀的卸荷回路

采用具有中位卸荷机能的三位换向阀，可以使液压泵卸荷。这种方法简单、可靠。中位卸荷机能是 M 型、H 型、K 型。图 7-6(a) 所示为采用三位四通换向阀（M 型中位机能）的卸荷回路，两电磁铁断电后，执行元件停止运动，液压泵输出油液经中位直接返回油箱。图 7-6(b) 所示为用二位二通换向阀直接卸荷的回路，电磁铁通电时，液压泵输出油液经此换向阀直接排回油箱。采用换向阀卸荷，其规格应与液压泵的流量相适应。

(2) 用先导式溢流阀的卸荷回路

如图 7-6(c) 所示，在先导式溢流阀 1 的遥控口接一小规格的二位二通电磁阀 2。当执行元件工作时，电磁阀断电，液压泵输出的压力油进入系统；执行元件停止运动时，电磁阀通电，先导式溢流阀的遥控口接通油箱，使其在很低压力下开启，液压泵输出油液经溢流阀返回油箱，实现液压泵的卸荷。在结构上常将二位二通电磁阀和先导式溢流阀组合使用，称为电磁溢流阀。

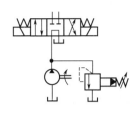 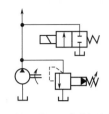 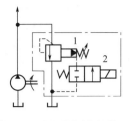

(a) 采用三位四通换向阀中位卸荷　　(b) 采用二位二通换向阀直接卸荷　　(c) 用先导式溢流阀卸荷

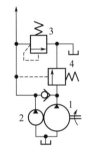 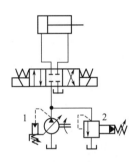 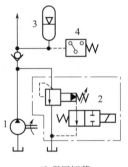

(d) 用外控顺序阀卸荷　　　　(e) 压力补偿变量泵的卸荷　　　　　　(f) 保压卸荷

图 7-6　卸荷回路

(3) 用外控顺序阀的卸荷回路

图 7-6(d) 为双联泵供油系统，用外控顺序阀 4（或称卸荷阀）使其中一台泵卸荷的回路。外控顺序阀 4 限定了双泵一起供油的最高压力；小流量泵 2 的最高工作压力由溢流阀 3 调定。当系统压力低于顺序阀 4 的设定值时，顺序阀 4 关闭，双泵供油，此为低压大流量工况；当系统压力超过顺序阀 4 的设定值时，顺序阀 4 开启，大流量泵 1 卸荷，小流量泵 2 供油，为高压小流量工况。顺序阀 4 的设定压力至少应比溢流阀 3 低 0.5MPa。

(4) 压力补偿变量泵的卸荷回路

压力补偿变量泵（如限压式、恒压式、恒功率变量泵）具有压力升高、流量自动变小的特性。图 7-6(e) 为压力补偿变量泵的卸荷回路。当换向阀处于中位，执行元件停止运动时，压力补偿变量泵 1 的出口压力升高，达到补偿装置动作所需的压力后，泵的流量自动减少到只需补足系统的泄漏量为止。由于此时泵的输出流量很小，广义地讲这也是一种泵的卸荷状态。为防止变量泵压力补偿装置调零的误差和动作滞缓而使泵的压力异常升高，设置安全阀 2 起安全保护作用。

(5) 保压卸荷回路

有的主机要求液压系统在工作过程中，当液压泵卸荷时系统仍需保持压力。通常可用蓄能器来保持系统压力。图 7-6(f) 为用压力继电器控制电磁溢流阀使液压泵卸荷，用蓄能器保压的回路。电磁阀 2 通电，液压泵 1 正常工作；执行元件停止运动后，液压泵继续向蓄能器 3 供油，随蓄能器充液容积的增大，压力升高至压力继电器 4 的调定值时，压力继电器使电磁阀断电，液压泵卸荷；蓄能器则使系统保持压力，保压的范围可由压力继电器 4 来设定。

7.1.5　平衡回路

对于执行元件与垂直运动部件相连（如竖直安装的液压缸等）的结构，当垂直运动部件下行时，都会出现超越负载（或称负负载）。**超越负载的特征是负载力的方向与运动方向相同，负载力将助长执行元件的运动。**图 7-7 所示为液压系统中常见的几种出现超越负载的情况。在出现超越负载时，若执行元件的回油路无压力，运动部件会因自重产生自行下滑，甚至可能产生超速（超过液压泵供油流量所提供的执行元件的运动速度）运动。如果在执行元件的回油路设置一定的背压（回油压力）来平衡超越负载，就可以防止运动部件的自行下滑和超速。这种回路因设置背压与超越负载相平衡，故称平衡回路；因其限制了运动部件的超速运动，又称限速回路。

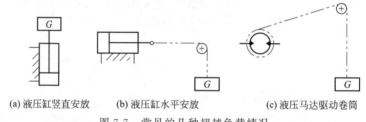

(a) 液压缸竖直安放　　(b) 液压缸水平安放　　　(c) 液压马达驱动卷筒

图 7-7　常见的几种超越负载情况

(1) 用单向顺序阀的平衡回路

如图 7-8(a) 所示，单向顺序阀 1 串接在液压缸下行的回油路上，其调定压力略大于运动部件自重在液压缸下腔中形成的压力。当换向阀处中位时，自重在液压缸下腔形成的压力不足以使单向顺序阀开启，防止了运动部件的自行下滑；当换向阀处左位时，活塞下行，顺序阀开启后在活塞下腔建立的背压平衡了自重，活塞以液压泵供油流量所提供的速度平稳下行，避免了超速。此种回路，活塞下行运动平稳；但顺序阀调定后，所建立的背压即为定值，若下行过程中，超越负载变小时，将产生过平衡而增加泵的供油压力。故只适用于超越负载不变的场合。

(2) 用液控平衡阀的平衡回路

图 7-8(b) 所示为采用液控平衡阀（不是外控顺序阀）的平衡回路。液控平衡阀 1 中的节流口随控制压力变化而变化，控制压力升高，节流口变大；控制压力降低，节流口变小；控制压力消失，阀口单向关闭（相当于单向阀功能）。这种回路适用于所平衡的超越负载有变化的场合。如超越负载变大时，液压缸上腔的压力（即平衡阀的控制压力）则降低，平衡阀节流口自动变小，背压升高以平衡变大的超越负载；反之，超越负载变小，节流口自动变大，背压降低以适应变小的超越负载。当换向阀处中位时，控制压力消失，平衡阀关闭，活塞停止运动。

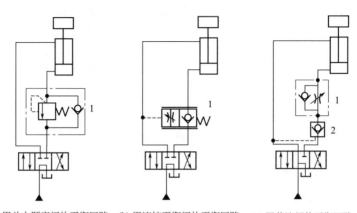

(a)用单向顺序阀的平衡回路　(b)用液控平衡阀的平衡回路　(c)用节流阀的平衡回路

图 7-8　平衡回路

(3) 用节流阀（或调速阀）的平衡回路

如图 7-8(c) 所示，在回油路上串联单向节流阀 1（或单向调速阀）和液控单向阀 2，由节流阀（或调速阀）建立背压，平衡超越负载；用液控单向阀防止活塞停止运动后的自行下滑。采用节流阀仅适用于固定的超越负载；而改用调速阀则适用于变化的超越负载。

7.2　速度控制回路

速度控制回路包含调速回路和速度变换回路。

7.2.1　调速回路

调速是指调节执行元件的运动速度。改变执行元件运动速度的方法，可从其速度表达式中寻求。

液压缸的速度 $v = \dfrac{q}{A}$；液压马达的转速 $n_m = \dfrac{q}{V_m}$。

可见，改变进入执行元件的流量 q，或者改变执行元件的几何尺寸（液压缸的工作面积 A 或液压马达的排量 V_m）都可以改变其运动速度。

改变进入执行元件的流量 q，可以用定量泵与节流元件的配合来实现；也可以直接用变量泵来实现。

对于液压缸来讲，要改变其工作面积 A，在结构上有困难，所以只能通过改变输入流量来实现调速；对于液压马达，既可以通过改变输入流量，也可以通过改变其排量（采用变量马达）来实现调速。

根据以上分析，可以归纳出以下两类基本调速方法。

❶ 节流调速　采用定量泵供油，利用节流元件来改变并联支路的油流分配，进而改变进入执行元件流量来实现调速的方法。

❷ **容积调速**　利用改变液压泵或液压马达有效工作容积（排量）来实现调速的方法。

如果将以上两种调速方法结合起来，用变量泵与节流元件相配合的调速方法，则称为容积节流调速。

7.2.1.1　节流调速回路

根据节流元件在回路中的安放位置不同，节流调速回路有进口节流、出口节流和旁路节流三种基本形式。根据使用要求，节流元件或是节流阀，或是调速阀。

本节讨论问题的假设条件是：不考虑回路的容积、压力损失和油液的压缩性，认为液压缸的机械效率为 1。

(1) 进口节流调速回路

将节流阀装在液压缸的进口油路上，即串联在定量泵和液压缸之间，与进口油路并联一溢流支路，如图 7-9(a) 所示。调节节流阀阀口的大小，改变了并联支路的油流分配（如调小节流阀口时，将减小进口油路的流量，增大溢流支路的溢流量），也就改变了进入液压缸的流量，实现活塞运动速度的调节。

下面依据假设条件分析进口节流调速回路的特性。

液压缸活塞克服外负载力 F 做等速运动时，活塞上的力平衡方程式为

$$(p_1 A_1 - p_2 A_2) = F \tag{7-1}$$

式中　A_1、A_2——液压缸无杆腔、有杆腔的有效工作面积；

　　　p_1、p_2——液压缸进、回油腔的压力。

不计管路的压力损失，$p_2 = 0$，则

$$p_1 = \frac{F}{A_1} \tag{7-2}$$

节流阀前后压差

$$\Delta p = p_p - p_1 = p_p - \frac{F}{A_1} \tag{7-3}$$

液压泵的供油压力 p_p 由溢流阀调定后基本不变，因此节流阀前后压差 Δp 将随负载 F 的变化而变化。

根据节流阀的流量特性方程，通过节流阀的流量为

$$q_1 = K A_v (\Delta p)^m = K A_v \left(p_p - \frac{F}{A_1} \right)^m \tag{7-4}$$

式中　A_v——节流阀阀口的通流面积。

则活塞的运动速度为

$$v = \frac{q_1}{A_1} = \frac{K A_v}{A_1} \left(p_p - \frac{F}{A_1} \right)^m \tag{7-5}$$

此为进口节流调速回路的速度-负载特性，它反映了在节流阀通流面积 A_v 一定的情况下，活塞速度 v 随负载 F 的变化关系。若以 v 为纵坐标，以 F 为横坐标，以 A_v 为参变量，可绘出如图 7-9(b) 所示的速度-负载特性曲线。

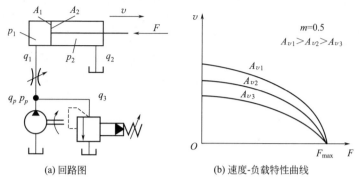

图 7-9　进口节流调速回路

速度随负载变化的程度，表现在速度-负载特性曲线上就是其斜率不同，常用速度刚性来评定，速度刚性定义为

$$T_v = -\frac{\partial F}{\partial v} = -\frac{1}{\partial v/\partial F} = -\frac{1}{\tan\alpha} \tag{7-6}$$

它是速度-负载特性曲线上某点处切线斜率的负倒数。它表示负载变化时，回路阻抗速度变化的能力。特性曲线上某点处的斜率越小，速度刚性就越大，说明回路在该处速度受负载变动的影响就越小，即该处的速度稳定性好。

按上式，可求得进口节流调速回路的速度刚性为

$$T_v = \frac{A_1^2}{KA_v m}\left(p_p - \frac{F}{A_1}\right)^{1-m} \tag{7-7}$$

从速度-负载特性曲线和速度刚性表达式可知：

❶ 在负载一定的情况下，活塞运动速度 v 与节流阀的通流面积 A_v 成正比，通流面积调得越大，活塞运动速度越高。

❷ 在节流阀通流面积不变时，随着负载的增大，活塞运动速度将逐渐下降，因此，这种回路的速度-负载特性较软，即速度刚性较差。

❸ 在相同负载下工作，节流阀通流面积大的速度刚性要比通流面积小的速度刚性差，即高速时的速度刚性差。

❹ 节流阀通流面积不变，负载较大时的速度刚性比负载较小时的差，即负载大时速度刚性较差。

进口节流调速回路的最大承载能力为 $F_{\max} = p_p A_1$。在液压泵供油压力已调定的情况下，回路的承载能力不随节流阀通流面积 A 的变化而变化，因而称为恒推力调节（执行元件为液压马达则称恒转矩调节）。

由于总存在溢流功率损失 $\Delta P_y = p_p q_3$ 和节流功率损失 $\Delta P_j = \Delta p \, q_1$，故进口节流调速回路的效率较低。

（2）出口节流调速回路

将节流阀装在液压缸的出口油路上，与进口油路并联一溢流支路，如图 7-10 所示。与进口节流调速回路的调速原理相似，调节节流阀阀口的大小，改变了并

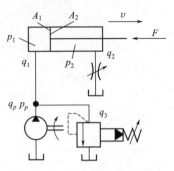

图 7-10　出口节流调速回路

联支路的油流分配（如调小节流阀口时，将减小出口油路的流量，同时减小进口油路的流量，而增大溢流支路的溢流量），也就改变了液压缸排出的流量，实现活塞运动速度的调节。

活塞上的力平衡方程式为

$$(p_p A_1 - p_2 A_2) = F \qquad (7\text{-}8)$$

节流阀前后压差

$$\Delta p = p_2 = \frac{A_1}{A_2}\left(p_p - \frac{F}{A_1}\right) = \frac{1}{n}\left(p_p - \frac{F}{A_1}\right) \qquad (7\text{-}9)$$

式中　n——活塞两腔的工作面积比，$n = \dfrac{A_2}{A_1}$。

通过节流阀的流量为

$$q_2 = KA_v(\Delta p)^m = KA_v \frac{1}{n^m}\left(p_p - \frac{F}{A_1}\right)^m \qquad (7\text{-}10)$$

则活塞的运动速度为

$$v = \frac{q_2}{A_2} = \frac{KA_v}{A_2 n^m}\left(p_p - \frac{F}{A_1}\right)^m = \frac{KA_v}{A_1 n^{m+1}}\left(p_p - \frac{F}{A_1}\right)^m \qquad (7\text{-}11)$$

速度刚性为

$$T_v = \frac{A_1^2 n^{m+1}}{KA_v m}\left(p_p - \frac{F}{A_1}\right)^{1-m} \qquad (7\text{-}12)$$

由上两式与式(7-5)、式(7-7) 相比，出口节流调速比进口节流调速仅多一个常系数 n^{m+1}，所以其速度-负载特性曲线和速度刚性与进口节流调速相似。如果都使用的是双活塞杆液压缸 ($n=1$)，则两种回路的速度-负载特性和速度刚性的公式完全相同。但是，这两种回路仍有一些不同之处。

❶ 出口节流调速回路由于液压缸的回油腔存在背压，具有承受一定超越负载的能力；而进口节流调速回路则不能承受超越负载。

❷ 出口节流调速回路在停止工作以后，液压缸回油腔中的油液，有一部分可能会流回油箱，这样，在重新启动时，液压泵输出的流量会全部进入液压缸，造成启动"前冲"现象。在进口节流调速回路中，进入液压缸的流量总是受到节流阀的限制，避免了启动时的"前冲"现象。

(3) 旁路节流调速回路

如图 7-11(a) 所示，节流阀装在与液压缸进口油路相并联的支路上，溢流阀起安全阀作用，正常工作时处于常闭状态。调节节流阀阀口的大小，改变了通过节流阀的流量，即改变了进入液压缸的流量，从而实现活塞运动速度的调节。

活塞上的力平衡方程式为

$$(p_1 A_1 - p_2 A_2) = F \qquad (7\text{-}13)$$

不计管路的压力损失，$p_1 = p_p$，$p_2 = 0$，则节流阀前后压差

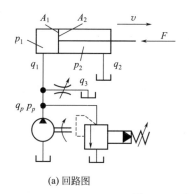
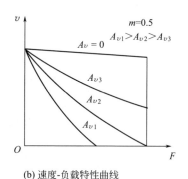

(a) 回路图   (b) 速度-负载特性曲线

图 7-11　旁路节流调速回路

$$\Delta p = p_p = \frac{F}{A_1} \tag{7-14}$$

通过节流阀的流量为

$$q_3 = KA_v(\Delta p)^m = KA_v\left(\frac{F}{A_1}\right)^m \tag{7-15}$$

而进入液压缸的流量

$$q_1 = q_p - q_3 = q_{pt} - \Delta q_p - q_3 - KA_v(\Delta p)^m = q_{pt} - k_p\left(\frac{F}{A_1}\right) - \frac{KA_v}{A_1}\left(\frac{F}{A_1}\right)^m \tag{7-16}$$

式中　q_{pt}——泵的理论流量；

$\quad\ \ q_p$——泵的泄漏量，$q_p = k_p p_p$；

$\quad\ \ k_p$——泵的泄漏系数。

则活塞的运动速度为

$$v = \frac{q_1}{A_1} = \frac{q_{pt}}{A_1} - \frac{k_p F}{A_1^2} - \frac{KA_v}{A_1}\left(\frac{F}{A_1}\right)^m \tag{7-17}$$

此为旁路节流调速回路的速度-负载特性，对应的速度-负载特性曲线如图 7-11(b) 所示。

以上推导过程中，考虑了泵的泄漏量对速度的影响，是因为泵的工作压力随负载 F 的变化而变化，即泵的泄漏量随负载 F 而变化，是变量（前两回路中泵的泄漏量为常量）。

速度刚性为

$$T_v = \frac{A_1^2}{k_p + KA_v m\left(\dfrac{F}{A_1}\right)^{m-1}} \tag{7-18}$$

从速度-负载特性曲线和速度刚性表达式可知，旁路节流调速回路有如下特点。

❶ 在负载一定的情况下，节流阀的通流面积 A_v 越大，活塞运动速度 v 越低；节流阀的通流面积 A_v 越小，活塞运动速度 v 越高，与进口、出口节流调速回路

相反。

❷ 在节流阀通流面积不变时，随着负载的增大，活塞运动速度也是逐渐下降的，与进口、出口节流调速回路相比，这种回路的速度-负载特性更软，即速度刚性更差。

❸ 在相同负载下工作，节流阀通流面积大的速度刚性要比通流面积小的速度刚性差，即低速时的速度刚性差。

❹ 节流阀通流面积不变，负载较小时的速度刚性比负载较大时的差。即负载小时速度刚性差。

旁路节流调速回路随着节流阀的开口增大，回路的最大承载能力将减小 ［图 7-11（b） 中节流阀开口为 A_{v1} 的曲线］。

由于只有节流功率损失 $\Delta P_j = p_p q_3$，且液压泵的工作压力 p_p 随负载变化而变化，因此旁路节流调速回路比进口、出口节流调速回路的效率高。

↘ 综合以上分析可知：

　　💡 采用节流阀的进口和出口节流调速回路，因速度刚性较差，只能用于固定负载或对速度稳定性要求较低的场合；又因回路效率较低，主要用在较小功率的液压系统中。 而采用节流阀的旁路节流调速回路，因速度刚性极差，且承载能力随着节流阀的开口增大而减小，所以很少使用。

(4) 用调速阀的节流调速回路

前面分析的采用节流阀的三种节流调速回路，有一个共同的缺点，就是执行元件的运动速度都随负载的增加而降低，即速度刚性差。这主要是由于负载变化引起了节流阀前后压差的变化，从而改变了通过节流阀的流量，造成了执行元件速度的变化。如果能设法保证节流阀的前后压差不变，就可以提高执行元件的速度稳定性。

调速阀的特点就是在其进口或出口压力变化的情况下，调速阀中的减压阀能自动调节其开口的大小，使调速阀中的节流阀前后压差基本保持不变。即在负载变化的情况下，通过调速阀的流量基本不变。

用调速阀取代节流阀，就形成了采用调速阀的进口、出口和旁路节流调速回路。图 7-12 是采用调速阀的节流调速回路的速度-负载特性曲线，实线为采用调速阀的（点划线是采用节流阀的）。从速度-负载特性曲线看，在调速阀正常工作范围内，速度刚性得到了极大的提高。而且旁路节流调速回路采用调速阀后，其最大承载能力也将不再受节流口变化的影响，为 $F_{max} = p_r A_1$，p_r 为安全阀调整压力。

需要指出的是，在实际使用中，必须保证调速阀的最小压差 Δp_{min} 为 0.5MPa，才能使调速阀正常工作。若调速阀的压差小于 0.5MPa 时，则调速阀中的减压阀不起作用，仅相当于节流阀，从速度-负载特性曲线上看，即实线与点划线相重合的那一部分。

从以上分析可见，采用调速阀后，回路的速度刚性大大地提高了，所以适用于

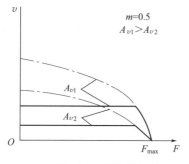
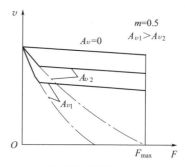

(a) 进口和出口节流调速回路　　　　(b) 旁路节流调速回路

图 7-12　采用调速阀的节流调速回路的速度-负载特性曲线

变负载工况且对速度稳定性要求较高的场合。至于回路的效率仍然是很低的。因为调速阀中包含了减压阀和节流阀的功率损失，所以，其功率损失比采用节流阀的相应的节流调速回路还要大些。

7.2.1.2　容积调速回路

根据液压泵和液压马达（或液压缸）的不同组合，容积调速回路有三种形式：变量泵-定量马达（或液压缸）容积调速回路；定量泵-变量马达容积调速回路；变量泵-变量马达容积调速回路。

本节讨论问题的假设条件是：不考虑回路的容积和压力损失以及油液的压缩性，液压泵和液压马达的效率为 1。

(1) 变量泵-定量马达（或液压缸）容积调速回路

图 7-13 为变量泵-液压缸容积调速回路。图 7-14(a) 所示为变量泵-定量马达容积调速回路。两回路都是通过改变变量泵的排量来实现调速的。工作时溢流阀关闭，作安全阀用。图 7-14(a) 是闭式回路，若采用双向变量泵则可直接实现定量马达的换向。泵 4 是补充泄漏用的辅助泵，其流量为变量泵最大输出流量的 $10\%\sim15\%$，压力由低压溢流阀 5 调定，这样可使低压管路保持较低的压力，以防空气渗入和出现空穴现象，从而改善变量泵的吸油条件。

下面以图 7-14(a) 所示变量泵-定量马达回路为例，分析回路的主要特性。

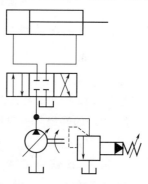

图 7-13　变量泵-液压缸
容积调速回路

变量泵的输出流量进入定量马达，定量马达的输出转速

$$n_m = \frac{q_m}{V_m} = \frac{q_p}{V_m} = \frac{V_p}{V_m}n_p \qquad (7\text{-}19)$$

式中　q_m——液压马达的输入流量；

q_p——液压泵的输出流量；

V_p、V_m——液压泵、液压马达的排量；

n_p——液压泵的转速。

定量马达的输出转矩

$$T_m = \frac{V_m}{2\pi}\Delta p \tag{7-20}$$

式中　Δp——液压马达的进出口压差。

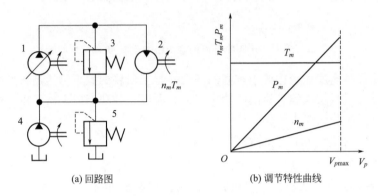

(a) 回路图　　　　　　　　(b) 调节特性曲线

图 7-14　变量泵-定量马达容积调速回路

而定量马达的输出功率

$$P_m = 2\pi n_m T_m = V_p n_p \Delta p \tag{7-21}$$

从以上三式可见这种回路的调节特性如下。

❶ 调节变量泵的排量便可调节定量马达的转速，马达的转速随泵的排量线性变化。由于变量泵的排量可调得比较小，因此调速范围 $\left(\dfrac{n_{m\,max}}{n_{m\,min}}\right)$ 较宽，一般可达 **40**。

❷ 定量马达的排量是固定的，在其进出口压差一定的情况下，马达的输出转矩与变量泵排量调节无关，故称恒转矩调节（执行元件是液压缸则称恒推力调节）。

❸ 回路的输出功率是随变量泵的排量调节呈线性变化的。

图 7-14(b) 为变量泵-定量马达容积调速回路的调节特性曲线。

(2) 定量泵-变量马达容积调速回路

图 7-15(a) 所示为定量泵-变量马达容积调速回路，定量泵的输出流量基本不变，调节变量马达的排量，便可调节其转速。

定量泵-变量马达回路的转速、转矩和功率表达式与式(7-19)、式(7-20)、式(7-21) 完全相同，只是泵的排量固定，马达的排量可调。因此，这种回路的调节特性如下。

❶ 变量马达的转速与其排量成反比，马达的排量调得越小，其转速越高。但调得太小其输出转矩则过小，以致不能带动负载，故限制了转速的提高，即这种回

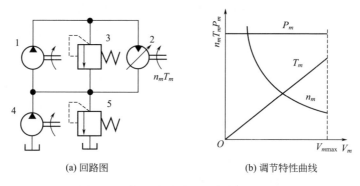

(a) 回路图　　　　　　　　　(b) 调节特性曲线

图 7-15　定量泵-变量马达容积调速回路

路的调速范围较窄，一般小于 **3**。

❷ 变量马达的输出转矩随其排量调节线性变化。

❸ 在工作压力不变的情况下，变量马达的输出功率与其排量调节无关，称为**恒功率调节**。

图 7-15（b）为定量泵-变量马达容积调速回路的调节特性曲线。

另外，这种回路从理论上讲，可以用双向变量马达来换向。但在换向时，要经过马达排量很小的区域，即马达转速要经历"高速→零速→反向高速"的过程，将产生很大的换向冲击。因此，实际工程中常采用换向阀来实现变量马达的换向。

(3) 变量泵-变量马达容积调速回路

如图 7-16（a）所示，调节双向变量泵 1 或变量马达 2 的排量均可改变马达的转速。通过双向变量泵供油方向的改变来实现马达的换向。由于双向交替供油，在回路中设了四个单向阀 6、7、8、9，使安全阀 3 总是限定高压管路的最高压力，辅助泵 4 总是向低压管路补油。如变量泵正向供油时，上侧管路是高压，压力油进入变量马达使其正向旋转，安全阀 3 经单向阀 8 限定上侧高压管路的最高压力；辅助泵 4 经单向阀 7 向下侧低压管路补油。

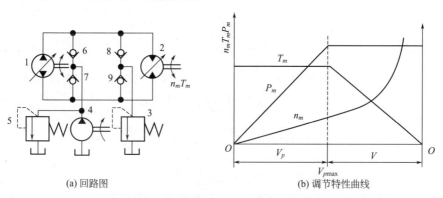

(a) 回路图　　　　　　　　　(b) 调节特性曲线

图 7-16　变量泵-变量马达容积调速回路

实际上，变量泵-变量马达容积调速回路就是前两种回路的组合，液压马达的转速既可以通过改变变量泵的排量又可以通过改变变量马达的排量来实现。因此拓宽了这种回路的调速范围以及扩大了马达的输出转速和输出功率的可选择性。

这种回路的液压马达输出转速、输出转矩和输出功率的表达式也与式(7-19)、式(7-20)、式(7-21) 相同，只不过其中泵和马达的排量都是可调的。

变量泵-变量马达容积调速回路的调节方法，一般可以采用单独顺序调节：启动前首先将变量马达的排量固定到最大值，然后将变量泵的排量由最小值向最大值方向调节，以达到调速的目的，此时回路的调节特性相当于变量泵-定量马达回路的特性；当将变量泵的排量调到最大值之后，并把它固定下来，再将变量马达的排量由最大值向小方向调节，达到进一步调速的目的，此时回路的调节特性相当于定量泵-变量马达回路的特性。图 7-16(b) 所示为按这种调节方法表示的调节特性曲线。

很明显，在低速段具有恒转矩调节特性，在高速段具有恒功率调节特性。调速范围进一步扩大，一般可达 100。

这种回路的调节特性，比较适用于一般机械的负载特性，即在低速时要求有较大的转矩，而在高速时则要求较小的转矩。

对于某种机械特定的负载特性，可以采用相关调节，即同时对变量泵和变量马达进行调节，使回路的调节特性与机械的负载特性相匹配。

(4) 容积调速回路的速度-负载特性

在容积调速回路中，液压泵、液压马达的泄漏都会直接影响液压马达的输出转速。因此讨论其速度负载特性时，应考虑液压泵和液压马达的泄漏量。

液压马达的理论流量

$$q_{mt} = V_m n_m = q_{pt} - (\Delta q_p + \Delta q_m) = V_p n_p - (k_p + k_m)\Delta p \tag{7-22}$$

式中　Δq_p、Δq_m——液压泵、液压马达的泄漏量；

$\qquad k_p$、k_m——液压泵、液压马达的泄漏系数；

$\qquad\quad \Delta p$——液压泵、液压马达的进出口压差。

将式(7-20) 代入上式，整理后得液压马达的转速为

$$n_m = \frac{V_p n_p}{V_m} - \frac{2\pi(k_p + k_m)T_m}{V_m^2} \tag{7-23}$$

这就是容积调速回路的速度-负载特性，它反映了马达转速随负载转矩的变化关系。按变量泵-定量马达、定量泵-变量马达两种回路绘出的速度-负载特性曲线如图 7-17 所示。

由式(7-23) 可求出回路的速度刚性

$$T_v = \frac{\partial T_m}{\partial n_m} = \frac{V_m^2}{2\pi(k_p + k_m)} \tag{7-24}$$

可见，变量泵-定量马达回路的速度刚性为常数；而定量泵-变量马达回路的速度刚性则随马达排量的变化而变化。

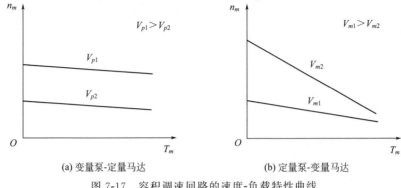

(a) 变量泵-定量马达　　　　　　(b) 定量泵-变量马达

图 7-17　容积调速回路的速度-负载特性曲线

　　另外，容积调速回路因液压泵输出流量全部供给了液压马达，无溢流功率损失；从液压泵的出口到液压马达的进口之间仅有较小的管路压力损失，无节流功率损失。所以回路的效率较高，适用于大功率的液压系统。

7.2.1.3　容积节流调速回路

　　容积节流调速回路是利用变量泵和调速阀组合而成的另一类调速回路。它既保留了容积调速回路无溢流损失、效率高的长处，又具有采用调速阀的节流调速回路速度刚性大的特点。是综合性能较好的调速回路，适用于要求速度稳定、效率较高的液压系统。下面介绍一种典型的容积节流调速回路——限压式变量泵和调速阀组成的调速回路。

　　如图 7-18(a) 所示，调速阀装在进油路上，调节调速阀中节流口通流面积的大小，便可改变进入液压缸的流量，实现液压缸活塞运动速度的调节。而限压式变量泵的输出流量 q_p 总是和液压缸所需流量 q_1（即通过调速阀节流口的流量）相适应。如泵的输出流量 $q_p > q_1$ 时，多余的油液迫使泵的供油压力上升，根据限压式变量泵的工作原理可知，压力升高后，泵的输出流量便自动减少；反之，当 $q_p < q_1$ 时，泵的供油压力下降，泵的输出流量自动增加，直到 $q_p = q_1$ 为止。由于没有

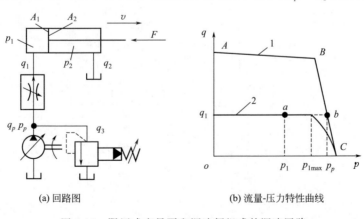

(a) 回路图　　　　　　　　　(b) 流量-压力特性曲线

图 7-18　限压式变量泵和调速阀组成的调速回路

溢流损失，所以容积节流调速回路的效率比节流调速回路高。

图 7-18（b）为这种容积节流调速回路的特性曲线。图中曲线 1 为限压式变量泵的压力-流量特性曲线，曲线 2 是调速阀在某一开口时特性曲线。a 为液压缸的工作点，对应通过调速阀进入液压缸的流量为 q_1，压力为 p_1；液压泵的工作点在 b 点，泵的输出流量 q_p 与 q_1 相等，泵的供油压力为 p_p。

欲使调速阀正常工作，应保证其最小压差为 $\Delta p_{min} = p_p - p_{1max} = 0.5\text{MPa}$，这样才能使液压缸的工作点始终处在曲线 2 的水平段。所以限压式变量泵的压力-流量特性曲线的调节应保证 $p_p = p_{1max} + \Delta p_{min}$。

当 $p_1 = p_{1max}$ 时，回路的功率损失最小。若液压缸工作点 a 向左移动（即负载压力 p_1 下降），则功率损失增大。

另外，如用恒压式变量泵取代限压式变量泵也可获得上述特性，仅仅是泵的流量-压力特性曲线有所不同（变量段曲线近似为竖直线）。

7.2.2　速度变换回路

速度变换回路是使执行元件从一种速度变换到另一种速度的回路。

(1) 增速回路

增速回路是指在不增加液压泵流量的前提下，提高执行元件速度的回路。

❶ 自重充液增速回路　图 7-19（a）为自重充液增速回路，常用于质量大的立式运动部件的大型液压系统（如大型液压机）。当换向阀右位接通油路时，由于运动部件的自重，活塞快速下降，其下降速度由单向节流阀控制。若活塞下降速度超过液压泵供油流量所提供的速度，液压缸上腔将产生负压，通过液控单向阀 1（亦称充液阀）从高位油箱 2（亦称充液油箱）向液压缸上腔补油；当运动部件接触到工件，负载增加时，液压缸上腔压力升高，液控单向阀关闭，此时仅靠液压泵供油，活塞运动速度降低。回程时，换向阀左位接通油路，压力油进入液压缸下腔，同时打开液控单向阀，液压缸上腔

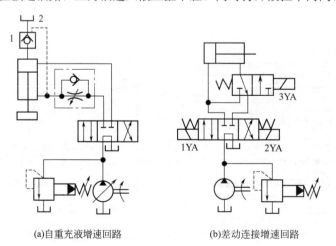

(a)自重充液增速回路　　　　　　(b)差动连接增速回路

图 7-19　增速回路

回油一部分进入高位油箱，一部分经换向阀返回油箱。

自重充液增速回路的液压泵按低速加载时的工况选择，快速时利用自重，不需增设辅助的动力源，回路构成简单。但活塞下降速度过快时液压缸上腔吸油不充分，为此高位油箱可用加压油箱或蓄能器代替，实现强制充液。

❷ 差动连接增速回路　图 7-19（b）为差动连接增速回路。电磁铁 1YA 通电时，活塞向右运动；而 1YA、3YA 同时通电时，压力油进入液压缸左右两腔，形成差动连接。由于无杆腔工作面积大于有杆腔工作面积，故活塞仍向右运动，此时有效工作面积减小（相当于活塞杆的面积），活塞推力减小，而运动速度增加。2YA 通电、3YA 断电时，活塞向左返回。差动连接可以提高活塞向右运动的速度（一般是空载情况下），缩短工作循环时间，是实现液压缸快速运动的一种简单经济的有效办法。

(2) 减速回路

减速回路是使执行元件由快速转换为慢速的回路。常用的方法是靠节流阀或调速阀来减速，用行程阀或电气行程开关控制换向阀的通断将快速转换为慢速。

图 7-20（a）为用行程阀控制的减速回路。在液压缸的回油路上并联接入行程阀 2 和单向调速阀 3，活塞向右运动时，活塞杆上的挡铁 1 碰到行程阀的滚轮之前，活塞快速运动；挡铁碰上滚轮并压下行程阀的顶杆后，行程阀 2 关闭，液压缸的回油只能通过调速阀 3 排回油箱，活塞做慢速运动。向左返回时不管挡铁是否压下行程阀的顶杆，液压油均可通过单向阀进入液压缸有杆腔，活塞快速退回。在图 7-20（b）所示回路中，是将电气行程开关 2 的电气信号转给二位二通电磁换向阀 4，其他原理同图 7-20（a）。

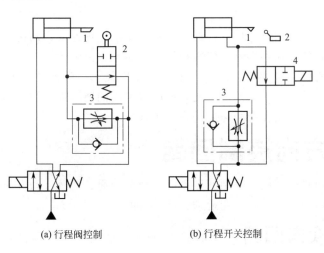

(a) 行程阀控制　　　　(b) 行程开关控制

图 7-20　减速回路

(3) 两种速度转换回路

两种速度转换回路常用两个调速阀串联或并联在执行元件的进油或回油路上，

用换向阀进行转换。图 7-21(a)、(b) 分别为调速阀串联和并联的两种速度转换回路，其电磁铁动作顺序列于表 7-1。

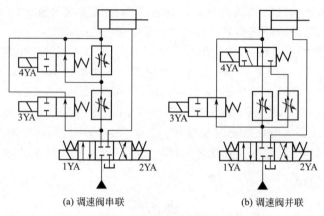

(a) 调速阀串联　　　　　　　(b) 调速阀并联

图 7-21　两种速度转换回路

表 7-1　电磁铁动作顺序表

项目	1YA	2YA	3YA	4YA
快进	+	－	－	－
一工进	+	－	+	－
二工进	+	－	+	+
快退	－	+	－	－
停止	－	－	－	－

调速阀串联和并联时，后一种速度只能小于前一种速度；调速阀并联时，两种速度可以分别调整，互不影响，但在速度转换瞬间，由于才切换的调速阀刚有油液通过，减压阀尚处于最大开口位置，来不及反应关小，致使通过调速阀的流量过大，造成执行元件的突然前冲。因此，并联调速阀的回路很少用在同一行程有两种速度的转换上，可以用在两种速度的程序预选上。

7.3　方向控制回路

方向控制回路的作用是控制液压系统中液流的通、断及流动方向的，进而达到控制执行元件运动、停止及改变运动方向的目的。

7.3.1　换向回路

采用二位四通、二位五通、三位四通或三位五通换向阀都可以使执行元件换向。

二位阀可以使执行元件正反两个方向运动，但不能在任意位置停止。三位阀有中位，可以使执行元件在其行程中的任意位置停止，利用中位不同的滑阀机能又可使系统获得不同的性能（如 M 型中位滑阀机能可使执行元件停止和液压泵卸荷）。

五通阀有两个回油口，执行元件正反向运动时，两回油路上设置不同的背压，可获得不同的速度。

如果执行元件是单作用液压缸或差动缸，则可用二位三通换向阀来换向，如图7-22所示。

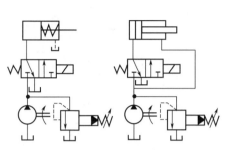

(a) 控制单作用液压缸换向　(b) 控制差动缸换向

图 7-22　用二位三通换向阀的换向回路

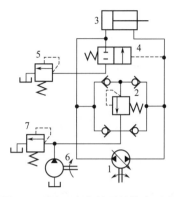

图 7-23　用双向变量泵的换向回路

换向阀的操作方式可根据工作需要来选择，如手动、机动、电磁或电液动等。

在闭式系统中可用双向变量泵控制油流的方向来实现液压马达或液压缸的换向。若执行元件是双作用单活塞杆液压缸，回路中应考虑流量平衡问题，如图7-23所示。主回路是闭式回路，用辅助泵 6 来补充变量泵吸油侧流量的不足，低压溢流阀 7 用来维持变量泵吸油侧的压力，防止变量泵吸空。当活塞向左运动时，液压缸 3 回油流量大于其进油流量，变量泵吸油侧多余的油液，经二位二通液动换向阀 4 的右位和低压溢流阀 5 排回油箱。回路中用一个溢流阀 2 和四个单向阀组成的液压桥路来限定正反运动时的最高压力。

7.3.2　锁紧回路

为了使液压缸活塞能在任意位置上停止运动，并防止在外力作用下发生窜动，需采用锁紧回路。锁紧的原理就是将执行元件的进、回油路封闭。

利用三位四通换向阀的中位机能（O 型或 M 型）可以使活塞在行程范围内的任意位置上停止运动，但由于换向阀（滑阀结构）的泄漏，锁紧效果差。

要获得很好的锁紧效果，应采用液控单向阀（因单向阀为锥面密封，泄漏极小）。图 7-24 为双向锁紧回路，在液压缸两侧油路上串接液控单向阀（亦称液压锁），换向阀处中位时，液控单向阀关闭液压缸两侧油路，活塞被双向锁紧，左右都不能窜动。对于立式安装的液压缸，也可以用一个液控单向阀实现单向锁紧，见图 7-8(c)。

用液控单向阀的锁紧回路中，换向阀中位应采用 Y 型或 H 型滑阀机能，这样，换向阀处中位时，液控单向阀的控制油路可立即失压，保证单向阀迅速关闭，锁紧油路。

Chapter 1
Chapter 2
Chapter 3
Chapter 4
Chapter 5
Chapter 6
Chapter 7
Chapter 8
Chapter 9

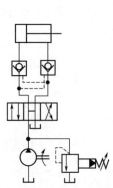

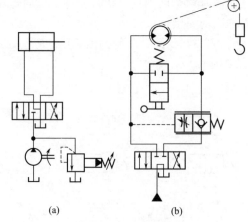

图 7-24　用液控单向阀的双向锁紧回路　　　　　图 7-25　浮动回路

7.3.3　浮动回路

　　浮动回路与锁紧回路相反，它是将执行元件的进、回油路连通或同时接回油箱，使之处于无约束的浮动状态。这样，在外力作用下执行元件仍可运动。

　　利用三位四通换向阀的中位机能（Y 型或 H 型）就可实现执行元件的浮动，如图 7-25(a) 所示。如果是液压马达（或双活塞杆缸）也可用二位二通换向阀将进、回油路直接连通实现浮动，如图 7-25(b) 所示。

7.4　多执行元件动作控制回路

7.4.1　顺序动作回路

　　顺序动作回路是多执行元件液压系统中，实现多个执行元件按照一定的顺序先后动作的回路。按其控制方式不同分为压力控制和行程控制两种。

(1) 压力控制的顺序动作回路

　　图 7-26(a) 为用顺序阀控制的顺序动作回路。当换向阀 4 处左位时，液压缸 1 活塞向右运动，完成动作①后，回路中压力升高达到顺序阀 3 的调定压力，顺序阀 3 开启，压力油进入液压缸 2 的无杆腔，再完成动作②；退回时，换向阀处右位，先后完成动作③和④。

　　图 7-26(b) 为压力继电器控制的顺序动作回路。回路中用压力继电器发信控制电磁换向阀来实现顺序动作。按启动按钮，电磁铁 1YA 通电，液压缸 1 活塞前进到右端点后，回路压力升高，压力继电器 1K 动作，使电磁铁 3YA 通电，液压缸 2 活塞前进；按返回按钮，1YA、3YA 断电，4YA 通电，液压缸 2 活塞先退到左端点，回路压力升高，压力继电器 2K 动作，使 2YA 通电，液压缸 1 活塞退回。至此完成图示的①→②→③→④的顺序动作。

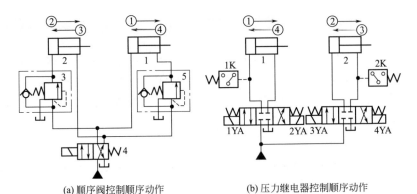

(a) 顺序阀控制顺序动作　　　　(b) 压力继电器控制顺序动作

图 7-26　压力控制的顺序动作回路

压力控制的顺序动作回路中，顺序阀或压力继电器的调定压力必须大于前一动作液压缸的最高工作压力（一般高出 0.8～1MPa），否则前一动作尚未结束，后一动作的液压缸可能在管路中的压力波动下产生先动现象。另外，在多液压缸顺序动作中，有时在给定系统最高工作压力范围内无法安排开各液压缸压力顺序的调定压力值。所以对顺序动作要求严格或超过 3 个液压缸的顺序回路，宜采用行程控制方式来实现。

(2) 行程控制的顺序动作回路

图 7-27 为采用电气行程开关控制电磁换向阀的顺序动作回路。按启动按钮，电磁铁 1YA 通电，液压缸 1 活塞先向右运动，当活塞杆上的挡铁触动行程开关 2S，使电磁铁 2YA 通电，液压缸 2 活塞向右运动直至触动 3S，使 1YA 断电，液压缸 1 活塞向左退回，而后触动 1S，使 2YA 断电，液压缸 2 活塞退回，完成①→②→③→④全部顺序动作，活塞均退到左端，为下一循环做好准备。

采用电气行程开关控制电磁换向阀的

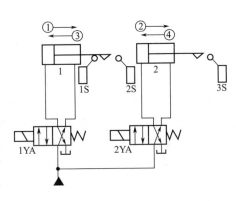

图 7-27　行程控制的顺序动作回路

顺序动作回路，调整挡铁的位置可调整液压缸的行程，通过改变电气线路可改变动作顺序，而且利用电气互锁性能使顺序动作可靠，故在液压系统中广泛应用。

7.4.2　同步控制回路

可实现多个执行元件以相同位移或相等速度运动的回路称为同步回路。

衡量同步运动优劣的指标是同步精度，用其位移的绝对误差或相对误差来表示。以两个同步的液压缸为例，若两个液压缸同时运动的行程（位移量）分别为 S_A 和 S_B，则其绝对误差 $\Delta = |S_A - S_B|$，相对误差 $\delta = \dfrac{2|S_A - S_B|}{S_A + S_B} \times 100\%$。

　　由于负载不平衡、摩擦阻力不等、液压缸泄漏量不同以及制造误差等因素都会影响同步精度。

　　用刚性构件、齿轮齿条副或连杆机构等机械方法可使两液压缸建立刚性的运动联系，实现位移的同步，其同步精度的高低取决于机构刚性的大小。如果两液压缸之间的负载差别较大，而连接刚性又不大时，会因偏载造成活塞和活塞杆卡死的现象，这时需用液压的方法来保证其同步。

(1) 流量式同步回路

　　流量式同步是通过流量控制阀控制进入或流出两液压缸的流量，使液压缸活塞运动速度相等，实现速度同步。

　　❶ 用调速阀控制的同步回路　图 7-28(a) 为用调速阀控制的单向同步回路。在两液压缸的回油路上设置单向调速阀，两调速阀分别调节两液压缸活塞上升的运动速度，当两缸有效面积相等时，流量也调得相同；若两缸面积不等时，则改变调速阀的流量，均能达到两缸的单向速度同步。这种同步回路结构简单，并且可以调节同步运动的速度，但是由于受到油温变化以及调速阀性能的影响，其同步精度一般在 5% 左右。

　　图 7-28(b) 所示为采用调速阀和液压桥路组成的双向同步回路，它可实现两个相同液压缸的双向速度同步。如果其中一个调速阀采用电液比例调速阀，并通过位移传感器随时检测两液压缸的位移误差，经比较、放大后反馈至电液比例调速阀的输入端，随时调节其流量，纠正位移误差以实现两液压缸的同步运动。由于采用了闭环控制，使这种回路的同步精度得到提高，同步精度可达 0.5mm，已能满足大多数有较高同步精度要求的液压系统。

　　❷ 用分集流阀控制的同步回路　用分集流阀来实现速度同步，其液压系统构成简单经济，分流精度一般为 1%~3%。图 7-28(c) 为采用分集流阀的同步回路。活塞上升时分集流阀起分流作用，活塞下降时起集流作用，即使两液压缸承受不同的负载也能以相等的流量分流或集流，实现双向速度同步。但这种回路不能实现调速。回路中液控单向阀的作用是防止活塞停止时因两缸负载不同而通过分集流阀内的节流口窜油。在选择分集流阀时应注意，为了保证一定的分流精度，通过阀的流

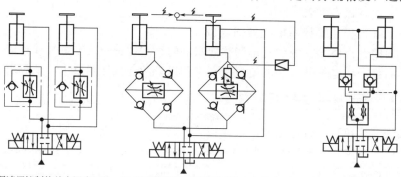

(a) 调速阀控制的单向同步回路　(b) 调速阀和液压桥路组成的双向同步回路　(c) 分集流阀控制的同步回路

图 7-28　流量式同步回路

量应不小于阀的公称流量，分集流阀进出口压降不低于 0.8～1MPa。

以上流量式同步回路，如果两缸每次未到达终点（或未回到起点）就换向，将造成位移误差的累积。可在液压缸的原点或行程终点设置死挡铁，通过液压缸到达行程终点或返回原点来消除累积误差。

流量式同步回路的效率较低，与节流调速回路相似。

(2) 容积式同步回路

容积式同步是指将两相等容积的油液分配到有效工作面积相同的两液压缸，实现位移同步。这种回路可允许较大的偏载，偏载造成的两缸压差的不等，仅影响两缸油液微量的压缩和泄漏，所以同步精度较高。由于没有节流和溢流功率损失，效率也较高。

❶ 串联缸同步回路　图 7-29(a) 为带补偿装置的串联缸同步回路。将两液压缸串联起来（串联油腔的有效面积应相等），便可实现两液压缸的双向位移同步。但是两串联油腔的泄漏会使两活塞产生位置误差，长期运行误差会不断积累起来，应采取措施使一个缸到达行程终点时，向串联油腔 a 点补油或由此排油，消除误差。其工作原理是在两液压缸活塞同时下降时，如果液压缸 1 活塞先到达端点，触动行程开关 1S，使电磁换向阀 4 的电磁铁 3YA 通电，压力油经换向阀 4 和液控单向阀 3 补入串联油腔，使液压缸 2 活塞继续下降到端点；如果液压缸 2 活塞先到达端点，触动行程开关 2S 使 4YA 通电，压力油接通液控单向阀 3 的控制油路，串联腔的油液经液控单向阀 3 和换向阀 4 排回油箱，使液压缸 1 活塞亦下降到端点，从而在下端点消除积累误差。

❷ 分流马达同步回路　用两个同轴等排量液压马达，输出相同容积的油液来实现两液压缸的双向位移同步，如图 7-29(b) 所示。由四个单向阀和一个溢流阀组成的交叉溢流补油回路，可以在液压缸行程的上、下端点消除位置误差。

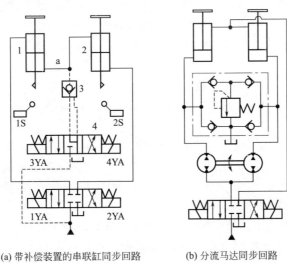

(a) 带补偿装置的串联缸同步回路　　　(b) 分流马达同步回路

图 7-29　容积式同步回路

容积式同步回路的同步精度比流量式同步回路的高,其同步精度主要取决于元件的制造精度和泄漏等因素,一般为 2%～5%。这种回路的效率较高,因而适用于较大功率的液压系统。

习 题

1.两个液压马达主轴刚性连接在一起组成双速换接回路,两马达串联时,其转速为( );两马达并联时,其转速为( ),而输出转矩( )。串联和并联两种情况下回路的输出功率( )。

2.顺序动作回路的功用在于使几个执行元件严格按预定顺序动作,按控制方式不同,分为( )控制和( )控制。同步回路的功用是使相同尺寸的执行元件在运动上同步,同步运动分为( )同步和( )同步两大类。

3.有两个调整压力分别为 5MPa 和 10MPa 的溢流阀,串联在液压泵的出口,泵的出口压力为( );并联在液压泵的出口,泵的出口压力又为( )。

    (A) 5MPa   (B) 10MPa   (C) 15MPa   (D) 20MPa

4.一水平放置的双伸出杆液压缸,采用三位四通电磁换向阀,要求阀处于中位时,液压泵卸荷,且液压缸浮动,其中位机能应选用( );要求阀处于中位时,液压泵卸荷,且液压缸闭锁不动,其中位机能应选用( )。

    (A) O 型   (B) M 型   (C) Y 型   (D) H 型

5.要求多路换向阀控制的多个执行元件实现两个以上执行机构的复合动作,多路换向阀的连接方式为( ),多个执行元件实现顺序单动,多路换向阀的连接方式为( )。

    (A) 串联油路   (B) 并联油路   (C) 串并联油路   (D) 其他

6.在泵-缸回油节流调速回路中,三位四通换向阀处于不同位置时,可使液压缸实现快进—工进-端点停留—快退的动作循环。试分析:在( )工况下,泵所需的驱动功率最大;在( )工况下,缸输出功率最小。

    (A) 快进   (B) 工进   (C) 端点停留   (D) 快退

7.容积调速回路中,( )的调速方式为恒转矩调节,( )的调节为恒功率调节。

    (A) 变量泵-变量马达   (B) 变量泵-定量马达   (C) 定量泵-变量马达

8.图 7-2 (b)、(c) 所示多级调压回路中,已知先导式溢流阀 1 的调整压力为8MPa,远程调压阀 2、3 的调整压力分别为 4MPa 和 2MPa,试确定两回路在不同的电磁铁通、断电状态下的控制压力。

9.图 7-30 为采用电液换向阀的卸荷回路,分析此回路存在的问题,如何改正?

10.图 7-31 所示平衡回路中,活塞与运动部件的自重 $G=6000N$,运动时活塞上的摩擦阻力为 $F_f=2000N$,向下运动时要克服的负载力为 $F_1=24000N$;液压缸内径 $D=100mm$,活塞杆直径 $d=70mm$。若不计管路压力损失,试确定单向顺序阀 1 和溢流阀的调定压力。

11. 在图 7-10 所示的出口节流调速回路中，已知 $A_1 = 50 \text{cm}^2$，$A_2 = 0.5A_1$；假定溢流阀的调定压力为 4MPa，并不计管路压力损失和液压缸的机械效率。试求：

① 回路的最大承载能力；

② 当负载 F 由某一数值突然降为零时，液压缸有杆腔压力 p_2 可能达到多大？

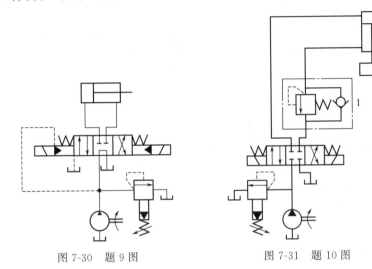

图 7-30 题 9 图   图 7-31 题 10 图

12. 图 7-32 为进口节流调速回路，已知液压泵 1 的输出流量 $q_p = 25 \text{L/min}$，负载 $F = 9000 \text{N}$，液压缸 5 的无杆腔面积 $A_1 = 50 \times 10^{-4} \text{m}^2$，有杆腔面积 $A_2 = 20 \times 10^{-4} \text{m}^2$，节流阀 4 的阀口为薄壁孔口（流量系数 $C_q = 0.62$），通流面积 $A_v = 0.02 \times 10^{-4} \text{m}^2$，其前后压差 $\Delta p = 0.4 \text{MPa}$，背压阀 6 的调整压力 $p_b = 0.5 \text{MPa}$。当活塞向右运动时，不计管路压力损失和换向阀 3 的压力损失，试求活塞杆外伸时：

① 液压缸进油腔的工作压力和溢流阀 2 的调整压力；

② 液压缸活塞的运动速度；

③ 溢流阀 2 的溢流量和液压缸的回油量。

13. 变量泵-定量马达容积调速回路中，马达驱动一恒转矩负载 $T_m = 135 \text{N} \cdot \text{m}$，马达的最高输出转速 $n_m = 1000 \text{r/min}$。已知如下参数：

回路的最高工作压力 $p = 15.7 \text{MPa}$，泵的输入转速 $n_p = 1450 \text{ r/min}$，泵、马达的容积效率 $\eta_{pV} = \eta_{mV} = 0.93$，泵马达的机械效率 $\eta_{pm} = \eta_{mm} = 0.9$。

不计管路的压力、容积损失，试求：

① 定量马达的排量；

② 变量泵的最大排量和最大输入功率。

14. 图 7-33 所示回路中，调速阀 1 的节流口较大，调速阀 2 的节流口较小，试编制液压缸活塞"快速进给—中速进给—慢速进给—快速退回—原位停止"工作循环的电磁铁动作顺序表。

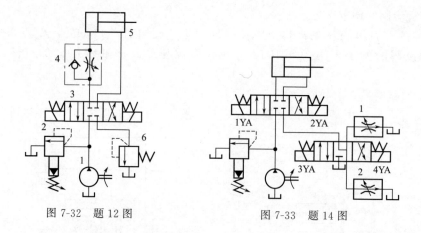

图 7-32　题 12 图　　　　　图 7-33　题 14 图

15. 在不增加元件、仅改变某些元件在回路中位置的条件下，能否改变图 7-26 和图 7-27 中的动作顺序为①→②→④→③？请重新画出液压回路图。

16. 为什么图 7-29（b）所示同步回路只能在液压缸行程端点消除位置误差？请分析消除位置误差时油路的走向和工作原理。

第8章

液压传动系统

8.1 典型液压传动系统分析

液压传动在机械制造、工程机械、冶金机械、石化机械、航空、船舶等各个行业部门均有广泛的应用，根据主机不同的工况要求，液压系统有着不同的组成形式，形成了繁多的种类，在此不能一一列举。**本章有选择地介绍四种典型的液压系统，通过对这些液压系统的分析，可以加深对基本回路的认识，了解液压系统组成的规律，为今后分析其他液压系统和设计新的液压系统打下基础。**

8.1.1 压力机液压系统

压力机是对各种材料（金属、木材、塑料、橡胶等）进行压力加工的机械。液压传动作为一种传动方式最早就应用在压力机上。由于液压传动具有易于传递很大力的突出优点，因此液压传动已成为压力机的主要传动形式。

压力机的类型很多，其中四柱式压力机最为典型，应用也最广泛。如图 8-1 所示，这种压力机由四个导向立柱、上、下横梁和滑块组成。在上、下横梁中安置着上、下两个液压缸，上缸驱动滑块，实现"快速下行→慢速加压→保压延时→快速返回→原位停止"的动作循环；下缸为顶出缸，实现"顶出→退回→原位停止"的动作循环。在这种压力机上，可以进行冲剪、弯曲、翻边、拉伸、装配、冷挤、成型等多种压力加工工艺。

(1) YB32-200 型压力机液压系统的工作原理

图 8-2 为这种压力机的液压系统图，其动作循环顺序见表 8-1。

❶ 压力机滑块的工作情况

a. **快速下行**时，电磁铁 1YA 通电，上缸先导阀 3（电磁换向阀）和上缸换向

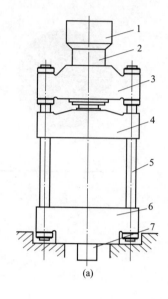

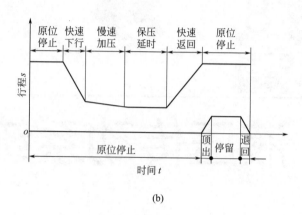

图 8-1　压力机的组成和动作循环图

1—充液箱；2—上缸；3—上横梁；4—滑块；5—导向立柱；6—下横梁；7—顶出缸

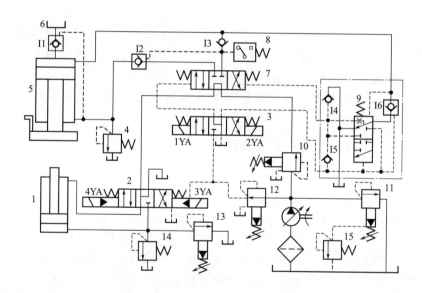

图 8-2　YB32-200 型压力机液压系统图

1—下缸；2—下缸电液换向阀；3—上缸先导阀；4—上缸安全阀；5—上缸；6—充液箱；
7—上缸换向阀；8—压力继电器；9—释压阀；10—顺序阀；11—泵站溢流阀；
12—减压阀；13—下缸溢流阀；14—下缸安全阀；15—远程调压阀

阀 7（液动换向阀）左位接入系统，液控单向阀 I2 被打开，这时系统中油液流动的
情况为

表 8-1　YB32-200 型压力机动作循环顺序表

电磁阀预泄阀	信号来源	压机工作循环								
		滑块					顶出缸			
		快速下行	慢速加压	保压延时	快速返回	原位停止	向上顶出	停留	向下退回	原位停止
1YA	+ 按钮启动									
	− 压力继电器									
2YA	+ 时间继电器									
	− 终点行程开关									
预泄阀	+ 先导阀3右位									
3YA	+ 按钮启动									
	−									
4YA	+ 按钮控制									
	−									

进油路：液压泵→顺序阀 10→换向阀 7（左位）→单向阀 I3→上缸 5 上腔。

回油路：上缸 5 下腔→液控单向阀 I2→换向阀 7（左位）→换向阀 2（中位）→油箱。

滑块在自重作用下迅速下降。由于液压泵的流量较小，这时压机顶部的充液箱 6 中的油液经液控单向阀 I1 也流入上缸 5 的上腔内。

b. **慢速加压** 在滑块接触被压制工件时开始，这时上缸 5 上腔压力升高，液控单向阀 I1 关闭，加压速度仅由液压泵的流量来决定，油液流动情况与 a. 相同。

c. **保压延时** 是当系统中压力升高到使压力继电器 8 动作使电磁铁 1YA 断电，先导阀 3 和上缸换向阀 7 都处于中位时出现的。保压时间由时间继电器（图中未画出）控制，能在 0～24min 内调节。保压时除了液压泵在较低压力下卸荷外，系统中没有油液流动。卸荷时油液流动情况是

液压泵→顺序阀 10→换向阀 7（中位）→换向阀 2（中位）→油箱。

d. **快速返回** 是在时间继电器使电磁铁 2YA 通电，先导阀 3 右位接入系统，释压阀 9 使上缸换向阀 7 也以右位接入系统（详情见下文）时开始的。这时液控单向阀 I1 被打开，油液流动情况为

进油路：液压泵→顺序阀 10→换向阀 7（右位）→液控单向阀 I2→上缸 5 下腔。

回油路：上缸 5 上腔→液控单向阀 I1→充液箱 6。

当充液箱 6 内液面超过预定位置时，多余油液由溢流管（图中未画出）排回主油箱。

压机中的释压阀 9 是为了防止保压状态向快速返回状态转变过快，在系统中引起压力冲击而设置的。它的主要功用是使上缸 5 上腔释压之后，压力油才能通入该缸下腔，从而实现由保压状态向快速返回状态的平稳转换。工作原理如下：在保压阶段，释压阀 9 以上位接入系统；当电磁铁 2YA 通电，先导阀 3 右位接入系统时，控制油路中的压力油虽已进入释压阀阀芯的下端，但由于其上端的高压未曾释放，

第 8 章　液压传动系统　175

阀芯不动。而液控单向阀 I6（阀芯中带有小型卸荷阀芯）是可以在控制压力低于其主油路压力下打开的，因此油路连通情况是

上缸 5 上腔→液控单向阀 I6→释压阀 9（上位）→油箱。

于是上缸 5 上腔的压力经液控单向阀 I6 逐渐释放，释压阀 9 的阀芯逐渐向上移动，最终以其下位接入系统，它一方面切断上缸 5 上腔通向油箱的通道，一方面使控制油路中的压力油进入上缸换向阀 7 阀芯的右端，使其右位接入系统，实现滑快的快速返回。另外，上缸换向阀 7 在由左位转换到中位时，阀芯右端由油箱经单向阀 I4 补油；在由右位转换到中位时，阀芯右端的油液经单向阀 I5 排回油箱。

e.**原位停止**是在滑块上升至挡块触动行程开关，电磁铁 2YA 断电，先导阀 3 和上缸换向阀 7 都处于中位时得到的。此时液压泵在低压下卸荷。

❷ 压力机顶出缸的工作情况

a.**向上顶出**时，电磁铁 3YA 通电。

进油路：液压泵→顺序阀 10→换向阀 7（中位）→换向阀 2（右位）→下缸 1 下腔。

回油路：下缸 1 上腔→换向阀 2（右位）→油箱。

下缸 1 活塞上移碰到缸盖时，便停留在这个位置上。

b.**向下退回**时，电磁铁 4YA 通电、3YA 断电。

进油路：液压泵→顺序阀 10→换向阀 7（中位）→换向阀 2（左位）→下缸 1 上腔。

回油路：下缸 1 下腔→换向阀 2（左位）→油箱。

c.**原位停止**是在电磁铁 3YA、4YA 都断电，下缸换向阀 2 处于中位时得到的。

(2) YB32-200 型压力机液压系统的特点

❶ 系统使用一台轴向柱塞式恒功率变量泵供油，最高工作压力由泵站溢流阀调定。

❷ 系统中的顺序阀规定了液压泵需在 2.5MPa 的压力下卸荷，从而使控制油路能确保具有 2MPa 的压力（由减压阀调定）。

❸ 系统中采用了专用释压阀来实现上滑块快速返回时上缸换向阀的延时换向，保证压机动作平稳，不会在换向时产生液压冲击和噪声。

❹ 系统利用管道和油液的弹性变形来实现保压，方法简单，但对单向阀、液控单向阀和液压缸等元件的密封性能要求较高。

❺ 系统中上、下两缸的动作协调是由两个换向阀的互锁来保证的，一个缸必须在另一个缸静止不动时才能动作。但在薄板拉伸时，下缸可在滑块的作用下向下浮动，即作为液压垫使用。这时，下缸下腔的油液经下缸溢流阀 13 排回油箱，而其上腔经换向阀 2 的中位或吸收上缸下腔的回油或由油箱补油。

❻ 系统中的两个液压缸各有一个安全阀进行过载保护。

8.1.2　组合机床动力滑台液压系统

组合机床是一种高效率的机械加工专用机床，它由具有一定功能的通用部件和专用部件组成，加工范围较宽，自动化程度较高，在机械制造业的成批和大量生产中得到了广泛的应用。

动力滑台是组合机床上实现进给运动的一种通用部件，配上动力头和不同的主

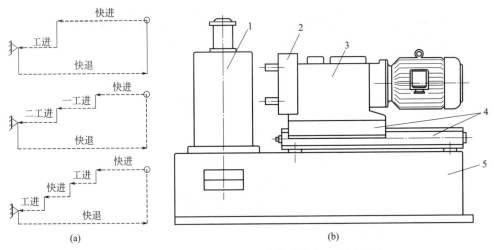

图 8-3　组合机床液压动力滑台的组成和工作循环图

1—夹具和工件；2—主轴箱；3—动力头；4—动力滑台；5—床身

轴箱可以对工件完成钻、扩、铰、镗、刮端面、倒角、铣削及攻螺纹等加工工序。液压动力滑台用液压缸驱动，在电气和机械装置的配合下可以实现图 8-3 所示的各种自动工作循环。

(1) YT4543 型动力滑台液压系统的工作原理

图 8-4 为 YT4543 型动力滑台的液压系统图，其动作循环顺序见表 8-2。

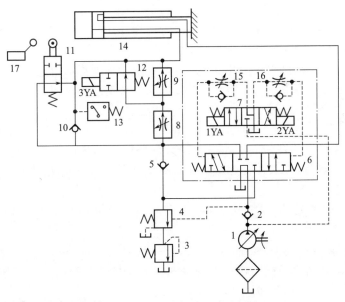

图 8-4　YT4543 型动力滑台液压系统图

1—液压泵；2—单向阀；3—背压阀；4—外控顺序阀；5—单向阀；6—换向阀；7—先导阀；8—工进调速阀；9—二工进调速阀；10—单向阀；11—行程阀；12—电磁阀；13—压力继电器；14—液压缸；15,16—单向节流阀；17—行程开关

表 8-2　YT4543 型动力滑台的动作循环顺序表

电磁阀 行程阀	信号来源		动力滑台工作循环					
			快进	一工进	二工进	停留	快退	原位停止
1YA	+	按钮启动						
	−	终点行程开关						
行程阀	+	挡块压下						
	−	挡块脱开						
3YA	+	挡块压下行程开关						
	−	挡块脱开行程开关						
2YA	+	压力继电器						
	−	终点行程开关						

❶ **快速前进**时，电磁铁 1YA 通电，先导阀 7（电磁换向阀）处左位，换向阀 6（液动换向阀）左位接入系统，顺序阀 4 因系统压力不高仍处于关闭状态。这时液压缸 14 差动连接，限压式变量泵 1 输出最大流量。系统中油液流动情况为

进油路：变量泵 1→单向阀 2→换向阀 6（左位）→行程阀 11（下位）→缸 14 左腔。

回油路：缸 14 右腔→换向阀 6（左位）→单向阀 5→行程阀 11（下位）→缸 14 左腔。

❷ **一次工作进给**在滑台前进到预定位置，挡块压下行程阀 11 时开始。这时系统压力升高，顺序阀 4 打开，液压缸 14 非差动连接；限压式变量泵 1 自动减小其输出流量，以便与调速阀 8 的开口相适应。系统中油液流动情况为

进油路：变量泵 1→单向阀 2→换向阀 6（左位）→调速阀 8→电磁阀 12（右位）→缸 14 左腔。

回油路：缸 14 右腔→换向阀 6（左位）→顺序阀 4→背压阀 3→油箱。

❸ **二次工作进给**在一次工作进给结束，挡块压下行程开关 17 使电磁铁 3YA 通电时开始。这时顺序阀 4 仍开启，变量泵 1 输出流量与调速阀 9 的开口相适应。系统中油液流动情况为

进油路：变量泵 1→单向阀 2→换向阀 6（左位）→调速阀 8→调速阀 9→缸 14 左腔。

回油路：缸 14 右腔→换向阀 6（左位）→顺序阀 4→背压阀 3→油箱。

❹ **停留**是在滑台以二工进速度行进到碰上死挡铁不再前进时开始，并在系统压力进一步升高，压力继电器 13 发出信号后终止。

❺ **快退**是在压力继电器 13 发出信号，电磁铁 2YA 通电、1YA 断电时开始。这时系统压力下降，变量泵 1 流量又自动增大。系统中油液流动情况为

进油路：变量泵 1→单向阀 2→换向阀 6（右位）→缸 14 右腔。

回油路：缸 14 左腔→单向阀 10→换向阀 6（右位）→油箱。

❻ **停止** 是在滑台快退到原位，挡块压下终点行程开关，电磁铁 2YA 断电时出现。这时换向阀 6 处于中位，液压缸 14 两腔封闭，滑台停止运动，变量泵 1 卸荷。系统中油液流动情况为

变量泵 1→单向阀 2→换向阀 6（中位）→油箱。

(2) YT4543 型动力滑台液压系统的特点

❶ 系统采用了限压式变量泵和调速阀组成的容积节流调速回路，能保证稳定的低速运动（最小进给速度可达 6.6mm/min）、较好的速度刚性和较大的调速范围（达 100 左右）。

❷ 用限压式变量泵与差动连接液压缸来实现快进，能量利用比较合理。滑台停止运动时，液压泵在低压下卸荷，减少了能量损耗。

❸ 用行程阀和顺序阀实现快进与工进的换接，动作可靠，换接精度高。

❹ 用电液换向阀换向，利用控制油路上的单向节流阀 15、16 可调节液动换向阀的换向时间，从而减小换向冲击，保证换向的平稳性。

8.1.3 塑料注射成型机液压系统

塑料注射成型机（简称注塑机）主要用于热塑性塑料制品的成型加工。塑料颗粒在注塑机的料筒内加热熔化至流动状态，以很高的压力和较快的速度注入闭合模具的模腔内，保压一段时间，经冷却凝固而成型为塑料制品。图 8-5 为注塑机的组成和注塑工作程序。

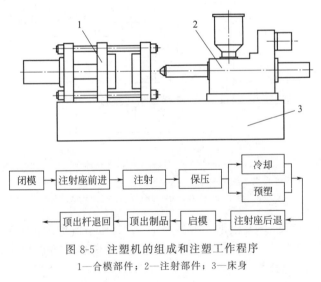

图 8-5 注塑机的组成和注塑工作程序
1—合模部件；2—注射部件；3—床身

注塑机由下列几部分组成。

❶ **合模部件** 它是安装模具用的成型部件，由定模板、动模板、合模机构、合模液压缸和顶出缸等组成。

❷ **注射部件** 它是注塑机的塑化部件，由加料装置（料斗、料筒、螺杆、喷嘴）、预塑装置、注射液压缸和注射座移动缸等组成。

❸ **床身** 装有液压传动及电气控制系统，它是注塑机的动力和控制部件，主要由液压泵、各种控制阀、电动机、电气元件和控制仪表等组成。

塑料注射成型工艺是一个按照预定顺序进行的周期性动作过程，其工艺顺序动作多、成型周期短、需要很大的注射力和合模力、注射和合模速度可在较大范围内调节。注塑机采用液压传动，并在电气控制的配合下，完成闭模、注射、保压和启模等一系列周期性动作，实现了自动化操作，极大地提高了劳动生产率，因而得到了广泛的应用。

(1) XS-ZY-250A 型注塑机液压系统的组成和液压元件的作用

图 8-6 为 XS-ZY-250A 型注塑机的液压系统图。系统采用了液压-机械组合的三连杆锁模机构，具有增力和自锁作用。

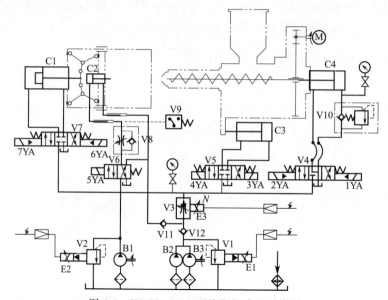

图 8-6　XS-ZY-250A 型注塑机液压系统图

B1,B2,B3—液压泵；C1,C2,C3,C4—液压缸；V1,V2—比例溢流阀；V3—比例流量阀；
V4,V7—电液换向阀；V5,V6—电磁换向阀；V8—单向节流阀；
V9—压力继电器；V10—单向顺序阀；V11,V12—单向阀

液压系统由三台液压泵供油，液压泵 B1 为高压小流量泵；液压泵 B2 和 B3 为双联泵，是低压大流量泵。利用电液比例溢流阀的断电，可以使泵处于卸荷状态，从而可以构成三级流量调节。

液压缸 C1 为移模缸，带动三连杆机构及动模板运动。液压缸 C2 是顶出缸，液压缸 C3 是注射座整体移动缸，液压缸 C4 是推动螺杆的注射缸。

电动机 M 通过齿轮减速箱驱动螺杆进行预塑。

电液比例溢流阀 V1 和 V2 分别控制液压泵 B2、B3 和 B1 的工作压力，通过放

大器，对启、闭模压力、注射座整体移动压力、注射压力、保压压力、顶出压力等实现多种工作压力控制。电液比例流量阀 V3 则通过放大器对启、闭模速度和注射速度实现无级速度调节。

V10 为背压阀，用来控制预塑时塑料熔融和混合程度，防止熔融塑料中混入空气。压力继电器 V9 限定顶出缸的最高工作压力，并作为顶出结束的发信装置。单向节流阀 V8 用于控制顶出缸的速度。根据通过的流量大小，换向阀 V4 和 V7 为电液控制方式，换向阀 V5 和 V6 为电磁控制方式。

(2) XS-ZY-250A 型注塑机液压系统的工作原理

表 8-3 列出了电磁铁的动作顺序。

表 8-3　XS-ZY-250A 型注塑机电磁铁动作顺序表

电磁铁 \ 动作		1YA	2YA	3YA	4YA	5YA	6YA	7YA	E1	E2	E3
闭模	闭模	−	−	−	−	−	−	+	+	+	+
	低压保护	−	−	−	−	−	−	+	+	−	+
	锁紧	−	−	−	−	−	−	+	−	+	+
注射座整体前进		−	−	+	−	−	−	−		+	+
注射		+	−	−	−	−	−	−		+	+
保压		+	−	−	−	−	−	−		+	+
预塑		−	−	+	−	−	−	−		+	+
注射座整体后退		−	−	−	−	+	−	−		+	+
启模		−	−	−	−	−	+	−		+	+
制品顶出		−	−	−	+	−	−	−		+	
螺杆后退		−	+	−	−	−	−	−		+	+

液压系统的工作原理按动作顺序说明如下。

❶ 闭模　此动作包括以下三步。

a. 闭模　液压泵 B1、B2、B3 工作，系统压力由阀 V1 或 V2 控制，移模缸 C1 活塞杆通过连杆机构驱动动模板右移，此时顶出缸 C2 活塞杆退回在原位。油液流动情况为

B1→V6→V11 ↘

　　　　　　　V3→V7（左位）→C1（左腔）；C1（右腔）→V7（左位）→油箱

B2、B3→V12 ↗

b. 低压保护　高压泵 B1 卸荷，其输出油液经阀 V2 返回油箱；低压泵 B2、B3 供油，低压由阀 V1 控制，油液流动情况同 a.。

c. 锁紧　低压泵 B2、B3 卸荷，其输出油液经阀 V1 返回油箱；高压泵 B1 供油，高压由阀 V2 控制，油液流动情况同 a.。

❷ 注射座整体前进　泵 B1 供油，注射座移动缸 C3 的活塞杆带动注射座左移，

并使喷嘴靠在定模板上，系统压力由阀 V2 控制。油液流动情况为

B1→V6→V11→V3→V5（右位）→C3（右腔）；C3（左腔）→V5（右位）→油箱

❸ 注射　泵 B1、B2、B3 供油，油液流动情况为

B1、B2、B3→V3→V4（右位）→V10→C4（右腔）；C4（左腔）→V4（右位）→油箱

❹ 保压　泵 B1 供油，泵 B2、B3 卸荷，其输出油液经阀 V1 返回油箱；泵 B1 供油，保压压力由阀 V2 控制，油液流动情况同❸。

❺ 预塑　电动机启动，经齿轮减速驱动螺杆旋转，料斗中加入的塑料被前推进行预塑，此时注射座不得后退，以保持喷嘴与模具始终接触，故由泵 B1 保压，油液流动情况同❷。

同时，注射缸 C4 右腔的油液在螺杆反推力的作用下经阀 V10→V4（中位）→油箱，其背压由阀 V10 控制。

❻ 注射座整体后退　油液流动情况为

B1→V6→V11→V3→V5（左位）→C3（左腔）；C3（右腔）→V5（左位）→油箱

❼ 启模　油液流动情况为

B1→V6→V11↘

　　　　　　　V3→V7（右位）→C1（右腔）；C1（左腔）→V7（右位）→油箱

B2、B3→V12↗

❽ 制品顶出　油液流动情况为

B1→V6（左位）→V8（节流阀）→C2（左腔）；C2（右腔）→V6（左位）→油箱

❾ 螺杆后退　用于拆卸螺杆和清除螺杆包料。油液流动情况为

B1→V6→V11→V3→V4（左位）→C4（左腔）；C4（右腔）→V10→V4（左位）→油箱

(3) XS-ZY-250A 型注塑机液压系统的特点

❶ 系统采用了液压-机械组合式三连杆锁模机构，实现了增力和自锁。这样，合模液压缸直径较小，易于实现高速，但锁模机构较复杂，制造精度较高，调整模板距离较麻烦。

❷ 采用三泵分级容积调速，用三台定量泵的不同组合方式获得三级供油流量，又利用电液比例流量阀实现各级流量的无级调节，从而满足各工作机构的多种速度要求。

❸ 利用电液比例溢流阀实现多级调压，以满足在整个动作循环过程中各工作阶段对压力的不同要求。

❹ 各工作机构的自动工作循环的控制主要靠行程开关来实现。

总的来讲，此注塑机采用电液开关控制方式的多缸顺序动作、电液比例控制阀的多级压力调整和多级速度调节的液压系统，对各种塑料制品加工适应性强，自动化程度高。与以往全部采用普通阀的注塑机液压系统相比较，整个系统得到了简化。

8.1.4 挖掘机液压系统

挖掘机在工业与民用建筑、交通运输、水利施工、露天采矿及现代化军事工程中都有广泛的应用，是各种土石方施工中不可缺少的高效率的机械设备。

图 8-7 为液压挖掘机的组成简图。由柴油机驱动液压泵，向工作装置、转台回转机构和行走机构的执行元件供油。工作装置由动臂 3、斗杆 2 和铲斗 1 组成，分别由液压缸驱动，回转机构 4 和行走机构 5 由液压马达驱动。

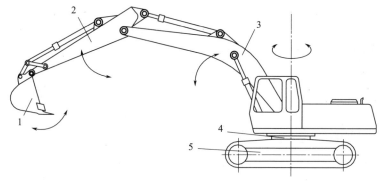

图 8-7 液压挖掘机的组成

1—铲斗；2—斗杆；3—动臂；4—转台；5—行走机构

(1) 挖掘机的工作循环及对液压系统的要求

挖掘机的每一工作循环的主要动作如下。

挖掘——以斗杆收回动作为主，用铲斗调整切削角度，配合挖掘。

提升及回转——动臂升起，满斗提升，转台向卸载方向回转。

卸载——斗杆放出，铲斗打开卸载。

返回——卸载结束，转台反向回转，动臂下降，使铲斗下放到挖掘位置，开始下一次作业。

有时为了调整或转移挖掘地点，还要作整机行走。

挖掘机对液压系统的要求如下。

❶ 由工作循环可知，应能实现两个执行机构的复合动作。

❷ 工作循环时间短（12～25s），各执行机构启动、制动频繁，负载变化大，因而振动冲击大，要求系统元件耐冲击、抗振动，有足够的可靠性和完善的安全保护措施。

❸ 负载变化大，作业时间长，应能充分利用发动机的功率和提高传动效率。

❹ 有超越负载工况，应有防止动臂超速下降，整机超速溜坡的限速措施。

❺ 野外作业环境恶劣、温度变化大，应有防尘、过滤和冷却装置。

❻ 执行元件多，操纵应灵活方便、安全可靠。

(2) 挖掘机液压系统的工作原理

图 8-8 为挖掘机的液压系统图。系统由一对恒功率变量泵、一组双向对流的三

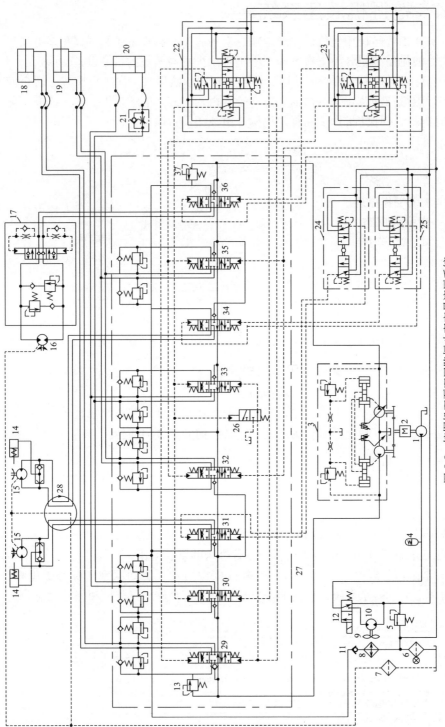

图 8-8 挖掘机双泵双回路恒功率变量液压系统

1—齿轮泵；2—发动机；3—恒功率调节器；4—蓄能器；5—控制油路溢流阀；6、7—过滤器；8—冷却器；9—风扇；10—风扇马达；11—单向阀；12—二位三通换向阀；13、37—溢流阀；14—制动阀；15—行走马达；16—回转马达；17—制动装置；18—铲斗缸；19—斗杆缸；20—动臂缸；21—单向节流阀；22～25—手动先导减压阀；26—合流阀；27—液动多路换向阀组；28—中心回转接头；29～36—三位六通电磁换向阀

位六通液动多路换向阀、铲斗、斗杆和动臂缸、回转与行走马达等元件组成。

此挖掘机液压系统是双泵双回路全功率变量系统，双泵双回路即两台恒功率变量泵分别向两组执行元件供油；左液压泵向左行走马达、铲斗缸 18、动臂缸 20 供油；右液压泵向右行走马达、回转马达 16、斗杆缸 19 供油。这样可实现两个执行元件（两组各有一个）的复合动作。全功率变量系统的特点是：两台恒功率变量泵的负载压力无论是否相同，两恒功率变量泵的输出流量相等，这样，可以使两个规格相同的执行元件保持同步关系（如左右行走马达）。

此系统中多路换向阀的油路以顺序单动和并联方式组合，能实现两个执行元件的复合动作，还能实现左、右行走马达转动时斗杆的收缩，这样可帮助挖掘机自救和跨越障碍。

液压系统工作原理说明如下。

❶ 一般操作回路　采用四个手动减压阀式先导阀 22、23、24 和 25 控制液动多路换向阀组 27 来操纵各执行机构的换向。斗杆缸 19 动作时，通过阀 32 和 35 合流供油，提高其动作速度。铲斗缸 18 转斗铲土时，通过阀 29 和合流阀 26 与阀 33 合流供油；回斗卸土时，只通过阀 29 单泵供油。同理，动臂缸 20 提升时，通过阀 30 和 33 合流供油，提高其上升速度；动臂下降时，只通过阀 30 单泵供油，以减少节流发热损失。

在两个主泵的供油路上，各有一个能通过其全部流量的溢流阀 13 和 37，以限定这两条油路的最高工作压力，溢流阀的调定压力为 25MPa；溢流阀在每个执行元件的油路上均旁接小流量的过载阀和单向阀组，以防止执行元件换向或突然停止时的压力冲击，一路出现高压打开过载阀溢流时，另一路出现负压通过单向阀补油，过载阀的调定压力为 30MPa。

在回转马达 16 的油路上，装有液压制动装置 17，可实现马达回转制动和补油，以防止回转马达在启动和制动开始时的压力冲击。

在行走马达 15 上装有常闭式液压制动器 14，通过梭阀与行走马达 15 互锁，行走时，马达任一侧的油压超过 3.5MPa，制动器 14 完全松开；停车或挖掘作业时，制动器对行走马达实现制动；行驶过程超速时，马达进油口出现负压，制动器又可起到限速制动的作用。

❷ 过滤和冷却回路　系统总回油路上设有纸质过滤器 6，在驾驶室有过滤器堵塞报警指示灯；液压马达的泄漏油路上设有小型磁性过滤器 7。

总回油路上装有风冷式冷却器 8，风扇 9 由齿轮马达 10 驱动，齿轮马达由装在油箱内的温度传感器和二位三通换向阀 12 来控制，用小流量齿轮泵 1 供油，组成单独的冷却回路。当油温超过规定值时，温度传感器发信使换向阀 12 通电，齿轮马达驱动风扇旋转，总回油管内的回油被强制冷却。反之，换向阀断电，风扇停转，使油液温度保持在适当的范围内。

❸ 先导操纵回路　四个手动减压阀式先导阀 22、23、24 和 25 控制液动多路换向阀 27。先导阀 22 和 23 的操纵手柄为万向铰式，每个手柄可操纵四个减压阀，每个减压阀控制换向阀的一个单向动作，因此四个减压阀控制两个换向阀。先导阀

Chapter 1
Chapter 2
Chapter 3
Chapter 4
Chapter 5
Chapter 6
Chapter 7
Chapter 8
Chapter 9

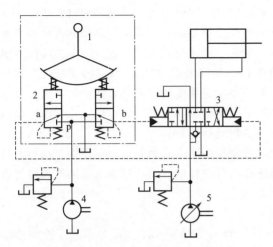

图 8-9　手动减压阀式先导阀操纵回路
1—手柄；2—减压阀；3—液动换向阀；
4—操纵回路供油泵；5—主泵

24 和 25 各控制一个换向阀。手动减压阀式先导阀的控制油路如图 8-9 所示，向左扳动先导阀手柄 1，左侧减压阀阀芯下移，P 口与 a 口接通，a 口的压力即为此减压阀的出口压力，其大小与手柄扳动的角度成正比；此压力再作用到液动换向阀 3 的右侧，形成阀芯右侧的液压力与阀芯左侧的弹簧力相平衡，使液动换向阀换向，且阀口开度的大小与减压后的压力成正比；从而使换向阀的开度与手柄扳动的角度成比例关系。

手动减压阀式先导阀操纵回路和冷却回路共用小流量齿轮泵 4 供油，压力为 1.4～3MPa。操纵先导阀手柄的不同方向和摆动角度，可使其输出压力在 0～2.5MPa 的范围内变化，手柄的操纵力不大于 30N，有力和位置的感觉，有效地控制液动多路换向阀的阀口开度和换向。在操纵回路上设置蓄能器 4（图 8-8），作为应急动力源，即使发动机不工作或出现故障时仍能操纵执行机构。

8.2　液压传动系统的设计简介

　　正如液压传动系统是主机的一部分一样，液压传动系统的设计也是主机设计的一部分。因此，液压传动系统的设计必须在满足主机功能要求的前提下，力求做到结构合理，安全可靠，操作维护方便和经济性好。

　　液压传动系统的设计步骤和内容如下。

　　❶ 明确设计要求　主要是了解主机对液压系统的运动和性能要求。例如，运动方式、速度范围、行程、负载条件、运动平稳性和精度、动作循环和周期、同步或联锁要求、工作可靠性等。还要了解液压系统所处的工作环境。例如，安装空间、环境温度和湿度、污染程度、外界冲击和振动情况等。

　　❷ 分析液压系统工况，确定主要参数　根据以上主机对运动和动力的要求，分析每个执行元件在各自工作过程中的速度和负载的变化规律，并以此作为确定系统主要参数（压力和流量）的依据。一般可参考同类型机器液压系统的工作压力初步确定系统的工作压力，根据负载计算执行元件的参数（液压缸的工作面积或液压马达的排量），再根据速度计算出执行元件所需的流量。

　　❸ 拟定液压系统原理图　这是液压系统设计成败的关键。首先根据主机的动作和性能要求，选择、设计主要的基本回路，例如，机床液压系统从选择调速回路入手，压机液压系统从调压回路开始，等等；然后再配以其他辅助回路，例如，有

超越负载工况的系统要考虑平衡回路，有空载运行的系统要考虑卸荷回路，有多个执行元件的系统要考虑顺序或同步回路，等等。最后将这些回路有机地组合成完整的系统原理图，组合回路还要避免回路之间的干扰。

❹ **选择液压元件** 依据系统的最高工作压力和最大流量选择液压泵，注意要留有一定的储备。一般泵的额定压力应比计算的最高工作压力高 $25\%\sim60\%$，以避免动态峰值压力对泵的破坏；考虑到元件和系统的泄漏，泵的额定流量应比计算的最大流量大 $10\%\sim30\%$。液压阀则按实际的最高工作压力和通过该阀的最大流量来选择。

❺ **液压系统的验算** 验算主要是压力损失和温升两项，计算压力损失是在元件的规格和管路尺寸等确定之后进行的。温升的验算是在计算出系统的功率损失和确定了油箱的散热面积之后，按照热平衡原理进行的。若压力损失过大、温升过高，须重新设计系统或加设冷却器。

❻ **绘制工作图和编制技术文件** 主要包括液压系统原理图、各种装配图（泵站装配图、管路装配图）、非标准件部件图和零件图、设计、使用说明书和液压元件、密封件、标准件明细表等。其中，液压系统原理图应按照 GB/T 786.1—2009 的规定绘制，图中应附有动作循环顺序表或电磁铁动作顺序表，还要列出液压元件规格型号的明细表。

以上设计步骤只是一般的设计流程，在实际的设计过程中并不是固定不变的，各步骤之间彼此关联，相互影响，往往是交叉进行的，并经多次反复才能完成。

8.3 液压系统的安装和调试

液压系统的安装和调试是一项实践性很强的技术工作，正确的安装和调试是液压系统设计意图得以实现和保证系统可靠工作的重要环节，因此必须给予足够的重视。

8.3.1 液压系统的安装

液压系统在安装前，首先要弄清主机对液压系统的要求、液压系统与机、电、气的关系和液压系统的原理，以充分理解其设计意图；然后验收所有的液压元件、辅助元件、密封件、标准件（型号、规格、数量和质量）。

(1) 液压元件的安装

❶ 液压泵的安装

a. 泵传动轴与电动机（或发动机）驱动轴的同轴度误差应小于 0.1mm，一般采用弹性联轴器连接，不允许使用 V 带等传动泵轴，以免泵轴受径向力的作用而破坏轴的密封。

b. 泵的进、出口不得接反，有外泄油口的必须单独接泄油管引回油箱。

c. 泵的吸入高度必须在设计规定的范围内，一般不超过 0.5m。

Chapter 1

Chapter 2

Chapter 3

Chapter 4

Chapter 5

Chapter 6

Chapter 7

Chapter 8

Chapter 9

❷ 液压阀的安装

a.阀的连接方式有螺纹连接、板式连接、法兰连接三种，不管采用哪一种方式，都应保证密封，防止渗油和漏气。

b.换向阀应保持轴线水平安装。

c.板式阀安装前，要检查各油口密封圈是否合乎要求，几个固定螺钉要均匀拧紧，使安装平面与底板平面全部接触。

d.防止油口装反。

❸ 液压缸的安装

a.液压缸只能承受轴向力，安装时应避免产生侧向力。

b.对整体固定的液压缸缸体，应一端固定，另一端浮动，允许因热变形或受内压引起的轴向伸长。

c.液压缸的进、出油口应向上布置，以利排气。

(2) 管路的安装

❶ 管路的内径、壁厚和材质均应符合设计要求。

❷ 管路敷设要便于装拆，尽量平行或垂直，少拐弯，避免交叉。长管路应等间距设置防振管卡。

❸ 管路与管接头要紧固，密封，不得渗油和漏气。

❹ 管路安装分两次进行。一次试装后，拆下的管道经酸洗（在 $40\sim60℃$ 的 $10\%\sim20\%$ 的稀硫酸或稀盐酸溶液中洗 $30\sim40min$）、中和（用 $30\sim40℃$ 的 10% 的苏打水）、清洗（用温水）、干燥、和涂油处理，以备二次正式安装。正式安装应注意清洁和保证密封性。

(3) 液压系统的清洗

液压系统安装后，还要对管路进行循环清洗。要求高的复杂系统可分两次进行。

❶ 主要循环回路的清洗。将执行元件进、出油路短接（既执行元件不参与循环），构成循环回路。油箱注入其容量 $60\%\sim70\%$ 的工作用油或试车油，油温适当升高清洗效果较好。将滤油车（由液压泵和过滤器组成）接入回路进行清洗，也可直接用系统的液压泵进行（回油口接临时过滤器）。清洗过程中，可用非金属锤棒轻击管路以便将管路中的附着物冲洗掉。清洗时间随系统的复杂程度、过滤精度要求及污染程度而异，通常为十几小时。

❷ 全系统的清洗。将实际使用的液压油注入油箱，系统恢复到实际运转状态，启动液压泵，使油液在系统中进行循环，空负荷运转 $1\sim3h$。

(4) 液压系统的压力试验

系统的压力试验应在系统清洗合格、并经过空负荷运转后进行。

❶ 系统的试验压力。对于工作压力低于 16MPa 的系统，试验压力一般为工作压力的 1.5 倍；对于工作压力高于 16MPa 的系统，试验压力一般为工作压力的 1.25 倍。但最高试验压力不应超过设计规定的数值。

❷ 试验压力应逐级升高，每升高一级（每一级为 1MPa）宜稳压 5min 左右，达到试验压力后，持压 10min；然后降至工作压力，进行全面检查，以系统所有焊缝和连接处无渗、漏油，管道无永久变形为合格。

8.3.2　液压系统的调试

系统调试一般按泵站调试、系统调试的顺序进行，各种调试项目均由部分到整体逐项进行，即部件、单机、区域联动、机组联动等。调试前全面检查液压管路、电气线路的连接正确性；核对油液牌号，液面高度应在规定的液面线上；将所有调节手柄置于零位，选择开关置于"调整""手动"位置；防护装置要完好；确定调试项目、顺序和测量方法。

(1) 泵站调试

❶ 启动　先空载（即泵在卸荷状态下）启动液压泵，以额定转速、规定转向运转，观察泵是否有漏油和异常声响，泵的卸荷压力是否在允许的范围内。启动时通常采取点动（启动—停止），经几次反复确认无异常现象，才允许投入空载连续运转。

❷ 压力调试　空载连续运转时间一般为 10～20min，然后调节溢流阀的调压手柄，逐渐分档升压（每档 3～5MPa，时间 10min）至溢流阀的调定值。同时观察压力表，压力波动值应在规定范围内。若压力波动过大（压力表针抖动）多数是由于泵吸油不足引起的。

(2) 系统调试

❶ 压力调试　逐个调整每个分支回路上的各种压力阀，如溢流阀、减压阀、顺序阀等。调整压力时，应先对管路油液进行封闭，保证压力油仅从被调整阀中通过，然后逐渐分挡升压至压力阀的调定值。例如，在调整溢流阀时，若换向阀的中位机能是 M 型，中位状态下则油液经换向阀卸荷而无压，此时应将换向阀处左位或右位，使液压缸活塞退回到原位，油液就只能经溢流阀返回油箱，才可进行溢流阀的压力调整。

❷ 流量调试（执行元件的速度调试）

a.无负荷（空载）运转。应将执行元件与工作机构脱开，操纵换向阀使液压缸做往复运动或使液压马达做回转运动，在此过程中，一方面检查液压阀、液压缸或液压马达、电气元件，机械控制机构等是否灵活可靠；一方面进行系统排气。排气时，最好是全管路依次进行。对于复杂或管路较长的系统，排气要进行多次。同时检查油箱液面是否下降。

b.速度调节。逐步调节执行元件的速度（节流调速回路将节流阀或调速阀的开口逐步调大，容积调速将变量泵的排量逐步调大，而变量马达则将其排量逐步调小）。待空载运转正常后，再停机将工作机构与执行元件连接，重新启动执行元件从低速到高速带负载运转。如调试中出现低速爬行现象，可检查工作机构是否润滑充分，排气是否彻底等。速度调试应逐个回路（系指带动一个工作机构的液压回路）进行。在调试一个回路时，其他回路均应处于关闭状态。

❸ 全负荷程序运转　按设计规定的自动工作循环或顺序动作，一般可在空载、工作负载、最大负载三种情况下分别进行。检查各动作的协调性；同步和顺序的正确性；启动停止、换向、速度换接的平稳性；有无误信号、误动作和爬行、冲击等现象；最后还要检查系统在承受负载后，是否实现了规定的工作要求，如速度-负载特性如何、泄漏量如何、功率损耗及油温是否在设计允许值内，液压冲击和振动噪声是否在允许的范围内等。

调试期间，对主要的调试内容和主要参数的测试应有现场记录，经核准归入设备技术档案，作为以后维修时的原始技术数据。

8.4　液压系统的使用与维护

据统计表明，液压系统发生的故障有 90% 是由于使用管理不善所致。因此在生产中合理使用和正确维护液压设备，可以防止元件与系统遭受不应有的损坏，从而减少故障的发生，并能有效地延长使用寿命；进行主动保养和预防性维护，做到有计划地检修，可以使液压设备经常处于良好的技术状态，发挥其应有的效能。

8.4.1　液压系统的使用要求

❶ 按设计规定和工作要求，合理调节系统的工作压力和工作速度。压力阀和流量阀调节到所要求的数值后，应将调节机构锁紧，防止松动。不得随意调节，严防调节失误造成事故。不准使用有缺陷的压力表，不允许在无压力表的情况下调压或工作。

❷ 系统运行过程中，要注意油质的变化状况，要定期进行取样化验，当油液的物理化学性能指标超出使用范围，不符合使用要求时，要进行净化处理或更换新油液。新更换的油液必须经过过滤后才能注入油箱。为保证油液的清洁度，过滤器的滤芯应定期更换。

❸ 随时注意油液的温度。正常工作时，油液温度不应超过 60℃。一般控制在 35～55℃ 之间。冬季由于温度低，油液黏度较大，应升温后再启动。

❹ 当系统某部位出现异常现象时，要及时分析原因进行处理，不要勉强运行，造成事故。

❺ 不准任意调整电控系统的互锁装置，不准任意移动各行程开关和限位挡铁的位置。

❻ 液压设备若长期不用，应将各调节手轮全部放松，防止弹簧产生永久变形而影响元件的性能。

8.4.2　液压设备的维护和保养

液压设备通常采用"点检"（日常检查）和"定检"（定期检查）作为维修和保养的基础。通过点检和定检可以把液压系统中存在的问题排除在萌芽状态，还可以为设备维修提供第一手资料，从中确定修理项目，编制检修计划，并可以从中找出液压系统出现故障的规律，以及液压油、密封件和液压元件的更换周期。点检与定检的项目及内容分别见表8-4和表8-5。由于液压设备类别繁多，各有其特定用途和使用要求，具体维护保养的内容应根据实际情况来确定。表8-4、表8-5仅说明一般情况。

表8-4 点检项目及内容

项 目	内 容	项 目	内 容
油位	是否正常	液压缸	运动是否平稳
行程开关和限位挡块	是否紧固	油温	是否在35～55℃范围内
	是否正常	泄漏	全系统有无漏油
手动、自动循环压力	系统压力是否稳定和在规定的范围内	振动和噪声	有无异常

表8-5 定检项目及内容

项 目	内 容	项 目	内 容
螺钉、螺母和管接头	定期检查并紧固： a.10MPa以上系统每月一次 b.10MPa以下系统每三月一次	油液污染度	对已确定换油周期的提前一周取样化验（取样数量300～500mL）
过滤器	定期检查：每月一次，根据堵塞程度及时更换		对新换油，经1000h使用后，应取样化验
			对大、精、稀设备用油，经600h使用后，取样化验
密封件	定期检查或更换：按环境温度、工作压力、密封件材质等具体规定更换周期 对重大流水线设备大修时全部更换（一般为两年） 对单机作业，非连续运行设备，只更换有问题的密封件	液压元件	定期检查或更换：根据使用工况，对泵、阀、缸、马达等元件进行性能测定，尽可能采取在线测试办法测定其主要参数。对磨损严重和性能指标下降，影响正常工作的元件进行修理或更换
压力表	按设备使用情况，规定检验周期	高压软管	根据使用工况规定更换时间
油箱、管道、阀板	定期清洗：大修时	弹簧	按使用工况、元件材质等具体规定更换时间

8.5 液压系统常见故障的分析和排除方法

8.5.1 液压系统发生故障的规律

建立严格的维护和保养制度虽然可以减少故障的发生，但不能完全杜绝故障。液压设备发生出现故障的概率随使用时间而变化，其变化规律如图8-10所示，大致可分为三个阶段。

❶ A段为使用初期也称初始故障期，这期间故障频率高，但持续时间不长。这期间发生的故障多数是由于设计、加工、装配以及运输过程中的失误或粗心大意

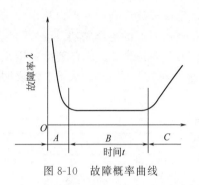

图 8-10　故障概率曲线

等因素造成的。因此，要通过调试使系统性能达到设计要求，在调试和试运转的初期故障概率较大，而后逐渐减少趋于稳定。

❷ B 段是安全使用期或称偶发故障期，这期间故障概率小，持续时间长，是设备稳定工作的最佳时期。坚持严格的维护制度以及控制油液的污染度，可使故障概率维持在相当低的范围内，并使这一时期延长。

❸ C 段为磨损故障期，由于机械磨损、化学腐蚀及物理性能变化而使元件和系统的故障概率在此期间增加。本来在安全使用期处于隐发状态的故障此时也就显露出来，以致系统的效率和精度都将随时间的推移而下降。这就要对液压元件和系统进行全面检查和彻底维修，已严重磨损的元件必须更换。

掌握故障发生的以上规律，有助于针对性地做好各个时期的使用维护工作。

8.5.2　液压系统常见故障的分析和排除方法

一个液压系统产生故障的原因是多方面的，而且液压传动是在封闭情况下进行的，不能从外部直接观察，不像机械传动那样看得清楚；在测量和管路连接方面也不如电路那样来得方便。因此，当系统出现故障时，要寻找故障产生的原因往往是有一定难度的。能否分析故障产生的原因和排除故障，一方面取决于对液压传动基本知识的理解程度，另一方面有赖于实践经验的不断积累。

(1) 液压系统故障的分析方法

熟悉液压系统原理图，搞清各回路和液压元件的功能是分析故障的基础；深入实际，了解液压设备的使用及维修状况，是找出故障产生原因的关键。一般当故障发生后，应根据故障的现象，进行全面的分析，列出可能产生故障的一切原因，再逐个分析，排除次要因素，最后找出产生故障的主要原因。有时一种故障可能是由某一元件的毛病所引起的，也可能是几个问题的综合。一般应在作出正确结论之后，才考虑排除故障的具体方法。有条件的，可通过一些辅助试验或测试手段来准确判断故障的原因。

(2) 液压系统常见故障的分析和排除方法

液压系统常见的故障有振动与噪声、压力不足、流量不足和容积效率下降、液压油异常、执行元件爬行或转速不均匀、换向冲击或换向不灵等。液压系统的故障发生有相当一部分是由液压元件的故障所致，因此，应首先熟悉和掌握各种液压元件的常见故障及排除方法，这可参见前几章的有关这方面的内容。这里将液压系统常见故障的分析和排除方法列表说明如下（表 8-6)。

表 8-6　液压系统常见故障的分析和排除方法

故障现象	故 障 原 因		排 除 方 法
产生振动和噪声	液压泵吸空	进油口密封不严,以致空气进入	拧紧进油管接头螺母,或更换密封件
		液压泵轴径处油封损坏	更换油封
		进口过滤器堵塞或通流面积过小	清洗或更换过滤器
		吸油管径过小,过长	更换管路
		油液黏度太大,流动阻力增加	更换黏度适当的液压油
		吸油管距回油管太近	扩大两者距离
		油箱油量不足	补充油液至油标线
	固定管卡松动或隔振垫脱落		加装隔振垫并紧固
	压力管路管道长且无固定装置		加设固定管卡
	溢流阀阀座损坏、调压弹簧变形或折断		修复阀座、更换调压弹簧
	电动机底座或液压泵架松动		紧固螺钉
	泵与电动机的联轴器安装不同轴或松动		重新安装,保证同轴度小于 0.1mm
系统无压力或压力不足	溢流阀	在开口位置被卡住	修理阀芯及阀孔
		阻尼孔堵塞	清洗
		阀芯与阀座配合不严	修研或更换
		调压弹簧变形或折断	更换调压弹簧
	液压泵、液压阀、液压缸等元件磨损严重或密封件破坏造成压力油路大量泄漏		修理或更换相关元件
	压力油路上的各种压力阀的阀芯被卡住而导致卸荷		清洗或修研,使阀芯在阀孔内运动灵活
	动力不足		检查动力源
系统流量不足(执行元件速度不够)	液压泵吸空		见前
	液压泵磨损严重,容积效率下降		修复达到规定的容积效率或更换
	液压泵转速过低		检查动力源将转速调整到规定值
	变量泵流量调节变动		检查变量机构并重新调整
	油液黏度过小,液压泵泄漏增大,容积效率降低		更换黏度适合的液压油
	油液黏度过大,液压泵吸油困难		更换黏度适合的液压油
	液压缸活塞密封件损坏,引起内泄漏增加		更换密封件
	液压马达磨损严重,容积效率下降		修复达到规定的容积效率或更换
	溢流阀调定压力值偏低,溢流量偏大		重新调节
液压缸爬行(或液压马达转动不均匀)	液压泵吸空		见前
	接头密封不严,有空气进入		拧紧接头或更换密封件
	液压元件密封损坏,有空气进入		更换密封件保证密封
	液压缸排气不彻底		排尽缸内空气
油液温度过高	系统在非工作阶段有大量压力油损耗		改进系统设计,增设卸荷回路或改用变量泵
	压力调整过高,泵长期在高压下工作		重新调整溢流阀的压力
	油液黏度过大或过小		更换黏度适合的液压油
	油箱容量小或散热条件差		增大油箱容量或增设冷却装置
	管道过细、过长、弯曲过多,造成压力损失过大		改变管道的规格及管路的形状
	系统各连接处泄漏,造成容积损失过大		检查泄漏部位,改善密封性

Chapter 1
Chapter 2
Chapter 3
Chapter 4
Chapter 5
Chapter 6
Chapter 7
Chapter 8
Chapter 9

习　题

1. 说明图 8-2 所示压力机液压系统中，使上液压缸 5 快速下降的措施，并指出压力阀 10、12、13 的作用。

2. 图 8-4 所示动力滑台液压系统是由哪些基本回路组成的？单向阀 5 在系统中起什么作用？

3. 图 8-6 所示注塑机液压系统中，假设液压泵 B1 的输出流量为 25L/min，B2 的输出流量为 75 L/min，B3 的输出流量为 100 L/min，怎样实现多级流量输出，各级流量的数值是多少？并说明单向阀 V11 和 V12 的作用。

4. 为什么图 8-8 所示挖掘机液压系统中任意两个执行元件都可以实行复合动作？说明挖掘时和提升回转时对应的回路中油液流动情况。

5. 为什么液压系统要进行两次安装？

6. 为什么液压系统安装后要进行清洗？新更换的液压油为什么必须经过过滤后才能注入油箱？

第9章

液压伺服控制系统

9.1 概述

>> 伺服系统（又称随动系统或跟踪系统）是一种自动控制系统，在这种系统中，系统的输出量能自动、快速而准确地复现输入量的变化规律。由液压伺服控制元件和液压执行元件组成的控制系统称为液压伺服控制系统。

液压伺服控制系统除了具有液压传动的各种优点外，还具有响应速度快、系统刚性大和控制精度高等优点。因而在国防工业和许多民用工业部门到了广泛的应用，成为武器自动化和工业自动化的一个重要方面。

9.1.1 液压伺服控制系统的工作原理

图 9-1 为一个简单的液压伺服控制系统的原理图。液压泵 4 是系统的动力源，它以恒定的压力向系统供油，供油压力由溢流阀 3 调定。伺服阀是控制元件，液压缸是执行元件。伺服阀按节流原理控制进入液压缸的流量、压力和流动方向，使液压缸带动负载运动。伺服阀阀体与液压缸缸体刚性连接，从而构成机械反馈控制。

按图示给伺服阀阀芯 5 输入位移 x_i，则窗口 a、b 便有一个相应的开口 x_v（$= x_i$），压力油经窗口 b 进入液压缸右腔，液压缸左腔油液经窗口 a 排出，缸体右移 x_p。与此同时伺服阀阀体 6 也右移，使阀的开口减小，即 $x_v = x_i - x_p$。直到 $x_p = x_i$，即 $x_v = 0$，伺服阀的输出流量为零，缸体才停止运动，处在一个新的平衡位置上，从而完成液压缸输出位移对阀输入位移的跟随运动。如果阀芯反向运动，液压缸也反向跟随运动。在此系统中，输出量（缸体位移 x_p）之所以能够迅速、准确地复现输入量（阀芯位移 x_i）的变化，是因为阀体与缸体连成一体构成了机械的负反馈控制。由于缸体的输出位移能够连续不断地反馈到阀体上并与阀芯

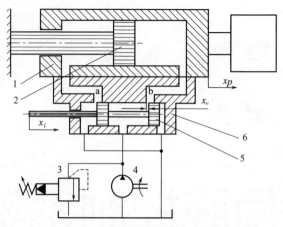

图 9-1 液压伺服控制系统原理图

1—液压缸缸体；2—液压缸活塞；3—溢流阀；4—液压泵；5—伺服阀阀芯；6—伺服阀阀体

的输入位移进行比较，有偏差（阀的开口）缸体就向着减小偏差的方向运动，直到偏差消除为止。即以偏差来消除偏差。

图 9-2 为用方块图表示的液压伺服控制系统的工作原理。

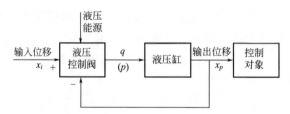

图 9-2 液压伺服控制系统工作原理方块图

9.1.2 液压伺服控制系统的组成和分类

(1) 系统的组成

实际的液压伺服系统无论多么复杂，也都是由一些基本元件所组成的。根据元件的功能，系统的组成可用图 9-3 表示，说明如下。

❶ 输入元件　它给出输入信号（指令信号）加于系统的输入端。

❷ 反馈测量元件　测量系统的输出量，并转换成反馈信号。如上例中缸体与阀体的机械连接。

❸ 比较元件　将反馈信号与输入信号进行比较，给出偏差信号。反馈信号与输入信号应是相同的物理量，以便进行比较。比较元件有时不单独存在，而是与输入元件、反馈测量元件或放大元件一起组合为同一结构元件。如上例中伺服阀同时构成比较和放大两种功能。

❹ 放大转换元件　将偏差信号放大并进行能量形式的转换。如放大器、伺服

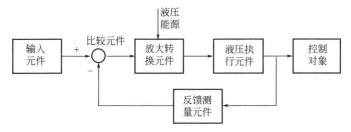

图 9-3　液压伺服控制系统的组成

阀等。放大转换元件的输出级是液压的，前置级可以是机械的、电的、液压的、气动的或它们的组合形式。

❺ 执行元件　与液压传动系统中的相同，是液压缸、液压马达或摆动缸。

(2) 系统的分类

液压伺服控制系统可以从不同的角度分类，每一种分类方法都代表系统一定的特点。

❶ 按输入信号的变化规律分为定值控制系统、程序控制系统和伺服系统。

❷ 按系统输出量的名称分为位置控制系统、速度控制系统、加速度控制系统、力控制系统等。

❸ 按信号传递介质的形式分为机液控制系统、电液控制系统、气液控制系统。

❹ 按驱动装置的控制方式和元件的类型分为节流式控制（阀控式）、容积式控制（变量泵控制或变量马达控制）系统。

9.2　液压伺服阀的基本类型

▶ 液压伺服阀是液压伺服系统中最基本和最重要的元件，它起着信号转换和功率放大的作用。常用的伺服阀有滑阀、射流管阀和喷嘴挡板阀，其中以滑阀应用最为普遍。

9.2.1　滑阀

按滑阀工作边数（起控制作用的阀口数）可分为单边滑阀、双边滑阀和四边滑阀。

图 9-4(a) 为单边滑阀的工作原理，它只有一个控制边。压力油直接进入液压缸左腔，并经活塞上的固定节流孔 a 进入液压缸右腔，压力由 p_s 降为 p_1，再通过滑阀唯一的控制边（可变节流口）流回油箱。这样固定节流口与可变节流口控制液压缸右腔的压力和流量，从而控制了液压缸缸体运动的速度和方向。液压缸在初始平衡状态下，有 $p_1 A_1 = p_s A_2$，对应此时阀的开口量为 x_{v0}（零位工作点）。当阀芯向右移动时，开口 x_v 减小，p_1 增大，于是 $p_1 A_1 > p_s A_2$，缸体向右运动。阀芯反向移动，缸体亦反向运动。

图 9-4(b) 为双边滑阀的工作原理，它有两个控制边，压力油一路直接进入液

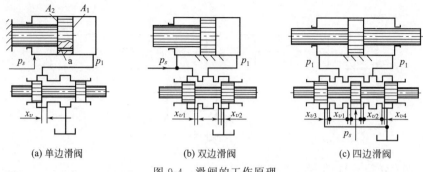

图 9-4　滑阀的工作原理

压缸左腔，另一路经左控制边开口 x_{v1} 与液压缸右腔相通，并经右控制边开口 x_{v2} 流回油箱。所以是两个可变节流口控制液压缸右腔的压力和流量。当滑阀阀芯移动时，x_{v1} 与 x_{v2} 此增彼减，共同控制液压缸右腔的压力，从而控制液压缸活塞的运动方向。显然，双边滑阀比单边滑阀的调节灵敏度高，控制精度也高。

　　单边、双边滑阀控制的液压缸是差动缸（单活塞杆缸），为了得到两个方向上相同的控制性能，须使 $A_1 = 2A_2$。

　　图 9-4(c) 为四边滑阀，它有四个控制边，开口 x_{v1} 和 x_{v2} 分别控制液压缸两腔的进油，而开口 x_{v3} 和 x_{v4} 分别控制液压缸两腔的回油。当阀芯向右移动时，进油开口 x_{v1} 增大，回油开口 x_{v3} 减小，使 p_1 迅速提高；与此同时，x_{v2} 减小，x_{v4} 增大，p_2 迅速降低，导致液压缸活塞迅速右移。反之，活塞左移。与双边阀相比，四边阀同时控制液压缸两腔的压力和流量，故调节灵敏度更高，控制精度也更高。四边滑阀既可用来控制双活塞杆缸，也可控制差动缸。

↘ 综上可知：

　　💡 单边、双边和四边滑阀的控制作用基本上是相同的。从控制质量上看，控制边数越多越好；从结构工艺上看，控制边数越少越容易制造。

　　滑阀在零位时有三种开口形式，即负开口（$x_{v0} < 0$）、零开口（$x_{v0} = 0$）和正开口（$x_{v0} > 0$），如图 9-5 所示。零开口阀的控制性能最好，但加工精度要求高；负开口阀有一定的不灵敏区，较少应用；正开口阀的控制性能较负开口的好，但零位功率损耗较大。

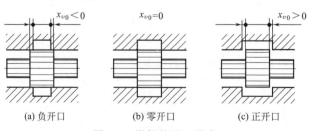

图 9-5　滑阀的开口形式

9.2.2 喷嘴挡板阀

喷嘴挡板阀有单喷嘴和双喷嘴两种结构形式，它们的工作原理基本相同，图 9-6 为双喷嘴挡板阀的工作原理。它由挡板 1、喷嘴 2 和 3、固定节流孔 4 和 5 等组成。挡板与喷嘴之间形成两个可变节流缝隙 δ_1 和 δ_2。当挡板处于中间位置时，两缝隙所形成的节流阻力相等，两喷嘴内的油液压力也相等，即 $p_1 = p_2$，液压缸不动。压力油经固定节流孔 4 和 5、节流缝隙 δ_1 和 δ_2 流回油箱。当输入信号使挡板向左摆动时，缝隙 δ_1 变小，δ_2 变大，p_1 上升，p_2 下降，液压缸缸体向左移动。因机械负反馈作用，当喷嘴跟随缸体移动到挡板两边缝隙对称时，液压缸停止运动。

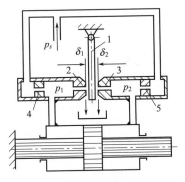

图 9-6　双喷嘴挡板阀的工作原理
1—挡板；2,3—喷嘴；4,5—固定节流孔

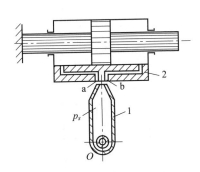

图 9-7　射流管阀的工作原理
1—射流管；2—接受器

喷嘴挡板阀的优点是：结构简单，加工方便，挡板运动部件惯性小，位移小，因而反应快，灵敏度高。抗污染能力较滑阀强。缺点是无功损耗大。常用作多级放大元件中的前置级。

9.2.3 射流管阀

射流管阀由射流管 1 和接受器 2 组成，见图 9-7。射流管在输入信号的作用下可绕轴 O 摆动，压力油经轴孔进入射流管，从喷嘴射出的液流冲到接受器的两个接受孔内，两接受孔分别与液压缸的两腔连通。液压能通过射流管的喷嘴转换为液流的动能，液流被接受孔接受后，又将其动能转变为压力能。当射流管喷嘴处于两接受孔的中间位置（零位）时，两接受孔所接受的射流动能相同，因此恢复压力也相同，液压缸不动。当射流管偏离中间位置时，两接受孔所接受的射流动能不再相等，恢复压力也不相等，一个增加，另一个减小，形成液压缸两腔的压差，推动活塞运动。

射流管阀的优点是结构简单，加工精度要求较低；抗污染能力强，对油液的清洁度要求不高；单级功率比喷嘴挡板阀高。其缺点是受射流力的影响，高压易产生干扰振动；射流管运动惯量较大，响应不如喷嘴挡板阀快；无功损耗较大。因此，射流管阀适用于低压小功率的伺服系统。

9.3 电液伺服阀

> 电液伺服阀是电液转换元件，又是功率放大元件。它能将很小功率的输入电信号转换为大功率的液压能输出，是电液伺服控制系统的关键元件。

图9-8为一种典型的电液伺服阀的工作原理。它由电磁和液压两部分组成。电磁部分是一个力矩马达，主要由一对永久磁铁1、一对导磁体2、衔铁3、线圈4和弹簧管5组成。衔铁、弹簧管与液压部分是一个两级功率放大器，第一级采用双喷嘴挡板阀，称前置放大级；第二级采用四边滑阀，称功率放大级。衔铁3、弹簧管5与喷嘴挡板阀的挡板6连接在一起，挡板下端为一小球，嵌放在滑阀9的中间凹槽内，构成反馈杆。

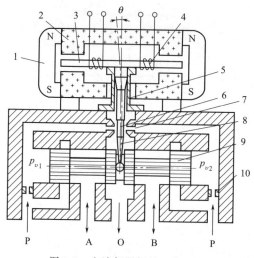

图9-8 电液伺服阀的工作原理

1—永久磁铁；2—导磁体；3—衔铁；4—线圈；5—弹簧管；6—挡板；7—喷嘴；8—反馈杆；9—滑阀；10—固定节流孔

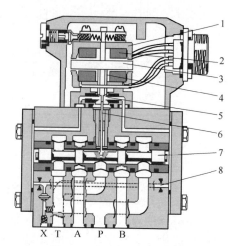

图9-9 电液伺服阀的结构

1—电磁铁；2—线圈；3—衔铁；4—弹簧管；5—喷嘴；6—反馈杆；7—滑阀；8—固定节流孔

当线圈中无信号电流输入时，衔铁、挡板和滑阀都处于中间对称位置，见图9-8。当线圈中有信号电流输入时，衔铁被磁化，与永久磁铁和导磁体形成的磁场合成产生电磁力矩，使衔铁连同挡板偏转 θ 角，挡板的偏转，使两喷嘴与挡板之间的缝隙发生相反的变化，滑阀阀芯两端压力 p_{v1}、p_{v2} 也发生相反的变化，一个压力上升，另一个压力下降，从而推动滑阀阀芯移动。阀芯移动的同时使反馈杆产生弹性变形，对衔铁挡板组件产生一反力矩。当作用在衔铁挡板组件上的电磁力矩与弹簧管反力矩、反馈杆反力矩达到平衡时，滑阀停止运动，保持在一定的开口上，有相应的流量输出。由于衔铁、挡板的转角，滑阀的位移都与信号电流成比例变化，在负载压差一定时，阀的输出流量也与输入电流成比例。输入电流反向，输出流量亦反向。所以，这是一种流量控制电液伺服阀。

图9-9为电液伺服阀的结构。

9.4 液压伺服控制系统举例

9.4.1 机液伺服系统

机液伺服系统主要用来进行位置控制，由于它结构简单、工作可靠、使用维修也比较容易，因而广泛地用于飞机舵面操纵系统、汽车动力转向装置、液压仿形机床等。下面以液压仿形刀架为例来说明机液伺服系统的应用。

如图 9-10（a）所示，仿形刀架倾斜安装在车床拖板 5 的上面，工作时随拖板做纵向运动。靠模样板 11 安装在床身后侧支架上固定不动。仿形刀架液压缸的活塞杆固定在拖板上，缸体、阀体和刀架连成一体，可在刀架底座的导轨上沿液压缸轴向移动。伺服阀阀芯 9 在弹簧的作用下通过阀杆使杠杆 8 的触销 10 靠在样板 11 上。

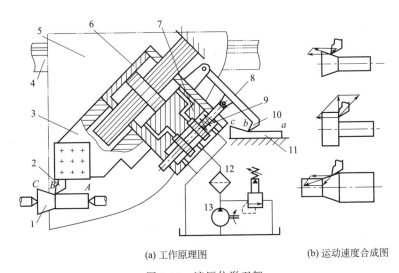

(a) 工作原理图　　　　　　　(b) 运动速度合成图

图 9-10　液压仿形刀架

1—工件；2—车刀；3—刀架；4—导轨；5—拖板；6—缸体；7—阀体；8—杠杆；
9—阀芯；10—触销；11—样板；12—过滤器；13—液压泵

车削圆柱面时，拖板沿床身导轨纵向移动，杠杆和触销在样板 ab 段内水平移动，伺服阀处于零位状态，液压缸不运动，刀架只能随拖板一起做纵向移动，车刀在工件 1 上车出 AB 段圆柱面。

车削圆锥面时，触销沿样板 bc 段移动，使杠杆向上方偏摆，从而带动阀芯上移，阀口开大，压力油进入液压缸上腔，推动缸体连同阀体和刀架沿轴向后退。阀体后退又使阀口逐渐关小，直至恢复到零位为止。在拖板不断做纵向运动的同时，触销在样板上不断抬起，刀架也就不断地做轴向后退运动，此二运动的合成就使车刀在工件上车削出 BC 段圆锥面来。其他曲面或台肩也都是这样合成的结果，如图 9-10（b）所示，为了能车削直角台肩，仿形刀架液压缸的轴线一般安装成 $45°\sim60°$

斜角。

从以上工作过程可知，输入信号、反馈信号都是机械量，刀架液压缸以一定的仿形精度按着触销输入位移的变化规律而动作，所以这是一个机液位置伺服系统。它的系统方块图与图 9-2 相同。

9.4.2　电液伺服控制系统

电液伺服控制系统是由电的信号处理部分和液压的功率输出部分组成的闭环控制系统。由于电检测器的多样性，所以可以组成许多物理量的闭环控制系统。最常见的是电液位置伺服系统、电液速度控制系统和电液力或压力控制系统。电液伺服控制系统综合了电和液压两方面的优势，具有控制精度高、响应速度快、信号处理灵活、输出功率大、结构紧凑和重量轻等优点，因此得到了广泛的应用。下面分别举例说明。

(1) 电液位置伺服系统

图 9-11(a) 为一电液位置伺服系统的工作原理图。它控制工作台的位置，使之按照指令电位器给定的规律变化。系统由指令电位器 5、反馈电位器 4、电放大器 6、电液伺服阀 1、液压缸 2 和工作台 3 组成。

$$u_e = u_i - u_f = K(x_i - x_p), \quad K = U/x_0$$

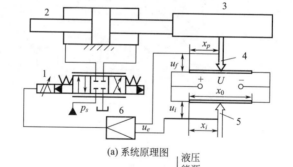

(a) 系统原理图

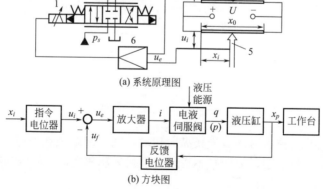

(b) 方块图

图 9-11　电液位置伺服系统

1—电液伺服阀；2—液压缸；3—工作台；4—反馈电位器；5—指令电位器；6—电放大器

指令电位器将滑臂的位置指令 x_i 转换成指令电压 u_i，工作台的位置 x_p 由反馈电位器检测转换为反馈电压 u_f。两个线性电位器接成桥式电路，从而得到偏差电压：

当工作台位置与指令位置相一致时，偏差电压 $u_e=0$，此时放大器输出电流为零，电液伺服阀处于零位，液压缸和工作台不动，系统处在一个平衡状态。当指令电位器滑臂位置发生变化时，如向右移动 Δx_i，在工作台位置变化之前，电桥输出的偏差电压 $u_e=K\Delta x_i$，经放大器放大后转变为电流信号去控制电液伺服阀，电液伺服阀输出压力油，推动工作台右移。随着工作台的移动，电桥输出的偏差电压逐渐减小，直至工作台位移等于指令电位器位移时，电桥输出偏差电压为零，工作台停止运动。如果指令电位器反向移动，则工作台也反向跟随运动。所以，此系统中的工作台能够精确地跟随指令电位器滑臂位置的任意变化，实现位置的伺服控制。图 9-11(b) 为此系统的方块图。

(2) 电液速度控制系统

图 9-12(a) 为一种电液速度控制系统的工作原理图，该系统控制滚筒的转动速度，使之按照速度指令变化。系统的主回路就是一个变量泵和定量马达组成的容积调速回路。这里变量泵既是液压能源又是主要的控制元件。由于操纵泵的变量机构所需的力较大，通常采用一个小功率的液压放大装置作为变量控制机构，这又构成了本系统中一个局部的电液位置伺服系统（与图 9-11 所示系统相同）。

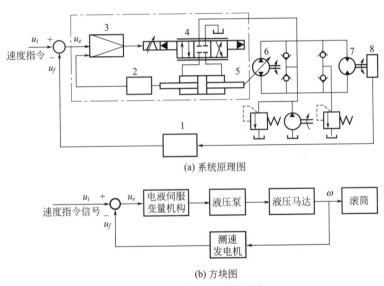

(a) 系统原理图

(b) 方块图

图 9-12　电液速度控制系统

1—测速发电机；2—位移传感器；3—电放大器；4—电液伺服阀；

5—变量液压缸；6—变量泵；7—定量马达；8—滚筒

系统输出速度由测速发电机 1 检测，并转换为反馈电压信号 u_f，与输入速度指令信号 u_i 相比较，得出偏差电压信号 $u_e=u_i-u_f$，作为变量机构的输入信号。当速度指令 u_i 给定时，滚筒 8 以一定的速度旋转，测速发电机输出电压为 u_{f0}，则偏差电压 $u_{e0}=u_i-u_{f0}$，此偏差电压对应于一定的变量液压缸 5 位置（如控制轴向柱塞泵斜盘成一定的倾斜角），从而对应于一定的泵流量输出，此流量为保持工作速度 ω_0 所需的流量。可见这里偏差电压 u_{e0} 是保持工作速度所必需的。在滚筒转动过程中，如果负载力矩、摩擦、泄漏、温度等因素引起速度变化时，则 $u_f \neq u_{f0}$，假如 $\omega < \omega_0$，则 $u_f < u_{f0}$，而 $u_e = u_i - u_f > u_{e0}$，使得变量液压缸输出位移增大，于是泵的输出流量增加，马达速度便自动上升至给定值。反之，如果速度超过 ω_0，则 $u_f > u_{f0}$，因而 $u_e < u_{e0}$，使变量液压缸输出位移减小，泵的输出流量减少，速度便自动下降至给定值。所以，马达转速是根据指令信号自动加以调节的，并总保持在与速度指令相对应的工作速度上。图 9-12(b) 表示了这个系统的方块图。

(3) 电液力控制系统

图 9-13(a) 是钢带张力控制系统的工作原理图。在带钢生产过程中，需要控制带材的张力，可用电液伺服控制系统来实现恒张力控制。如图所示，牵引辊 2 牵引钢带，加载装置 5 使钢带产生一定的张力。当张力由于某种原因发生波动时，通过设置在转向辊 4 轴承上的力传感器 9 检测出钢带的张力，并和给定值进行比较，得到偏差信号，经电放大器 6 放大后，控制电液伺服阀 7，进而控制输入液压缸 1 的流量，驱动浮动辊 8 来调节钢带的张力，使之回复到原来的给定值上。图 9-13(b) 所示为此系统的方块图。

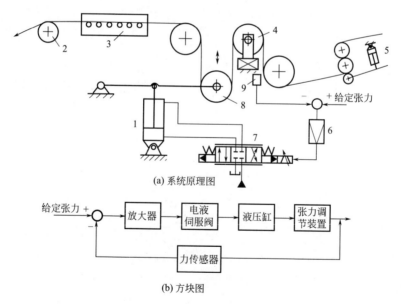

(a) 系统原理图

(b) 方块图

图 9-13　电液力控制系统（钢带张力控制系统）

1—张力调整液压缸；2—牵引辊；3—热处理炉；4—转向辊；5—加载装置；6—电放大器；

7—电液伺服阀；8—浮动辊；9—力传感器

习　题

1. 液压伺服控制系统与一般的液压传动系统有何不同？

2. 液压伺服控制系统由哪些基本元件组成？

3. 图 9-6 中的双喷嘴挡板阀，若有一个喷嘴被堵塞，会发生什么现象？单喷嘴挡板阀可控制哪种形式的液压缸？试设计出单喷嘴挡板阀控制液压缸的结构原理图。

4. 机液伺服系统和电液伺服系统有什么不同？

Chapter 3

附录　常用液压图形符号

（摘自 GB/T 786.1—2009）

附表 A　图形符号的基本要素

图　　形	描　　述	图　　形	描　　述
———————	供油管路,回油管路	◯	能量转换元件框线
— — — — —	控制管路,泄油管路	◯	测量仪表框线
—·—·—·—	组合元件框线	▢	阀的功能单元
⊥	两条管路连接,标出连接点	◇	流体处理装置框线
┼	两条交叉管路,无连接点		
⌣	软管管路		流体流过阀的路径和方向
▶	液压力作用方向	↗	弹簧或比例电磁铁的可调整
▷	所压力作用方向	↗	节流孔的可调整

附表 B　阀

控制机构			
图　　形	描　　述	图　　形	描　　述
	具有可调行程限制装置的顶杆		双作用电气控制机构,动作指向或背向阀芯
	带有定位装置的控制机构		单作用电磁铁,动作指向阀芯,连续控制
	用作单方向行程控制的滚轮杠杆		单作用电磁铁,动作背向阀芯,连续控制
	手柄		双作用电气控制机构,动作指向或背向阀芯,连续控制

控制机构			
图　形	描　述	图　形	描　述
	单作用电磁铁，动作指向阀芯		电气操纵的带有外部供油的液压先导控制机构
	单作用电磁铁，动作背向阀芯		机械反馈

方向控制阀			
图　形	描　述	图　形	描　述
	二位二通方向控制阀，电磁铁操纵，弹簧复位，常开		三位四通方向控制阀，双电磁铁操纵，弹簧对中
	二位三通方向控制阀，电磁铁操纵，弹簧复位，常闭		三位四通方向控制阀，电磁铁操纵先导级，液压操作主阀，弹簧对中，外部先导供油和回油
	二位四通方向控制阀，电磁铁操纵，弹簧复位		三位五通方向控制阀，定位销式各位置杠杆操纵

压力控制阀			
图　形	描　述	图　形	描　述
	溢流阀，直动式		二通减压阀，直动式，外泄型
	溢流阀，先导式		二通减压阀，先导式，外泄型
	电磁溢流阀，先导式，电气操纵预设定压力		顺序阀，直动式

流量控制阀			
图　形	描　述	图　形	描　述
	可调节流量控制阀		三通流量控制阀，可调节，将输入流量分成固定流量和剩余流量

续表

流量控制阀			
图　形	描　述	图　形	描　述
	可调节流量控制阀,单向自由流动		分流阀,将输入流量分成两路输出
	二通流量控制阀,可调节,基本与黏度和压力差无关		集流阀,保持两路输入流量相互恒定

单向阀和梭阀			
图　形	描　述	图　形	描　述
	单向阀,只能在一个方向自由流动		双液控单向阀,先导式
	先导式液控单向阀,带有复位弹簧,先导压力允许在两个方向自由流动		梭阀,压力高的入口自动与出口接通

比例控制阀			
图　形	描　述	图　形	描　述
	直动式比例方向控制阀		比例溢流阀,直动式
	先导式比例方向控制阀		比例溢流阀,先导控制
			比例流量控制阀,用双线圈比例电磁铁控制

附表C　泵、马达和缸

泵和马达			
图　形	描　述	图　形	描　述
	单向旋转的定量泵		单向旋转的定量马达
	单向变量泵,单向流动,带外泄油路,单向旋转		双向定量马达,双向流动,带外泄油路,双向旋转

	泵和马达		
图 形	描 述	图 形	描 述
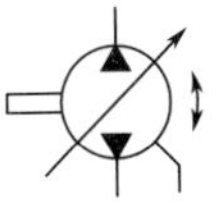	双向变量泵,双向流动,带外泄油路,双向旋转	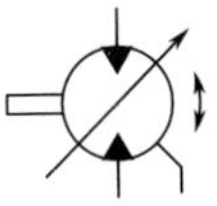	双向变量马达,双向流动,带外泄油路,双向旋转
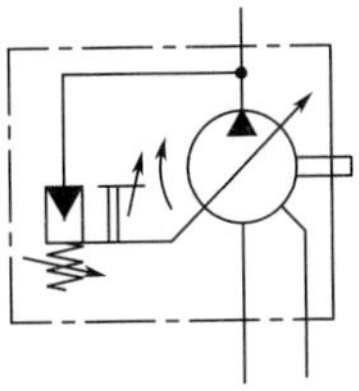	带压力或流量控制的变量泵,内部先导操纵	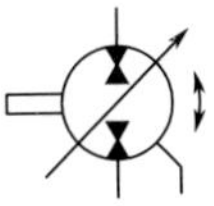	双向变量泵或马达,双向流动,带外泄油路,双向旋转
		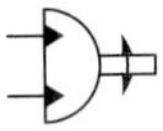	限制摆动角度,双向流动的摆动执行器或旋转驱动

	缸		
图 形	描 述	图 形	描 述
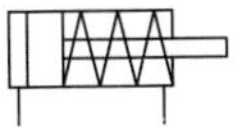	单作用单杆缸,靠弹簧力返回行程,弹簧腔带连接口	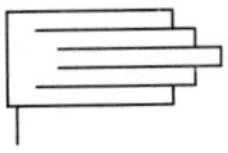	单作用伸缩缸
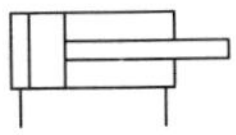	双作用单杆缸	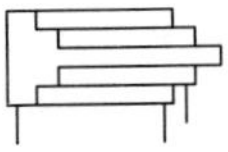	双作用伸缩缸
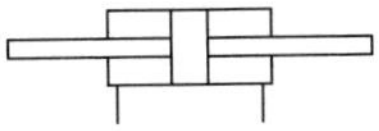	双作用双杆缸		单作用压力介质转换器,将气体压力转换为等值的液体压力
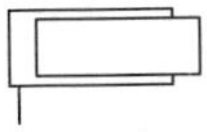	单作用柱塞缸	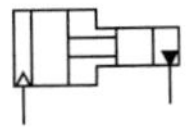	单作用增压器,将气体压力转换为更高的液体压力

附表D 附件

	连接和管接头		
图 形	描 述	图 形	描 述
	软管总成	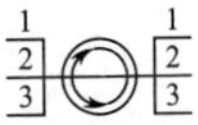	多路旋转管接头,图中数字可自定义并扩展
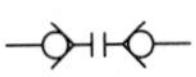	带两个单向阀的快换接头,断开状态	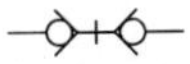	带两个单向阀的快换接头,连接状态

	测量仪和指标器		
图 形	描 述	图 形	描 述
	光学指示器		液位指示器(液位计)
	数字式指示器	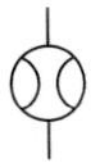	流量计

续表

	测量仪和指标器		
图　形	描　述	图　形	描　述
	压力表		转速仪
	温度计		转矩仪

	过滤器、冷却器和加热器		
图　形	描　述	图　形	描　述
	过滤器		加热器
	油箱通气过滤器		不带冷却液流道指示的冷却器
	带附属磁性滤芯的过滤器		液体冷却的冷却器
	带旁路单向阀的过滤器		电动风扇冷却的冷却器

	蓄能器		
图　形	描　述	图　形	描　述
	隔膜式充气蓄能器		活塞式充气蓄能器

	其他		
图　形	描　述	图　形	描　述
	液压源		回到油箱
	气压源		有盖油箱

习题答案

第 1 章　习题

1. 负载；流量

2. 动力元件；执行元件；控制元件；辅助元件；动力元件；执行元件

3～5. 略

第 2 章　习题

1. C；A

2. A；B

3. 压力差；缝隙值；间隙

4～8. 略

9. 22.3 转

10. $x = \dfrac{F+G}{\rho g \dfrac{\pi}{4} d^2} - h$

11. ① $p_1 < p_2$

　　② $\Delta p = \dfrac{8}{\pi^2} \rho q^2 \left(\dfrac{1}{d_1^4} - \dfrac{1}{d_2^4} \right)$

12. 真空度 $= 4549$ Pa

13. 细长孔时 $p_2 = 1$ MPa；薄壁孔时 $p_2 = 2$ MPa

14. $t = 530$ s

第 3 章　习题

1. 小；大

2. 排量；单作用叶片泵；径向柱塞泵；轴向柱塞泵；单作用叶片泵；径向柱塞泵；斜盘式轴向柱塞泵

3. 吸油；压油

4～14. 略

15. $\eta_{pv} = 0.93$

16. $P = 23.9$ kW

第 4 章　习题

1. ABC；D

2. BC；A

3. $n_m = 81\mathrm{r/min}$；$T_m = 370\mathrm{N \cdot m}$

4. $\eta_{mv} = 0.936$

5. $7\mathrm{L/min}$；$3.5\mathrm{MPa}$

6. 略

7. ① $\boldsymbol{F}_1 = 50000\mathrm{N}$；$v_1 = 0.02\mathrm{m/s}$；$v_2 = 0.016\mathrm{m/s}$

　　② $\boldsymbol{F}_1 = 54000\mathrm{N}$；$\boldsymbol{F}_2 = 45000\mathrm{N}$

　　③ $\boldsymbol{F}_2 = 112500\mathrm{N}$

8. 右边缸先动：$v_2 = \dfrac{q_p}{A_1}$，$p_p = \dfrac{\boldsymbol{F}_2}{A_1}$；左边缸后动：$v_1 = \dfrac{q_p}{A_1}$，$p_p = \dfrac{\boldsymbol{F}_1}{A_1}$

9. ① $\dfrac{A_1}{A_3} = 2$；② $\dfrac{A_1}{A_3} = 3$

10. （a）$v = \dfrac{q}{\dfrac{\pi}{4}(D^2 - d^2)}$，缸筒向左移，活塞杆受拉

　　（b）$v = \dfrac{q}{\dfrac{\pi}{4}d^2}$，缸筒向右移，活塞杆受压

　　（c）$v = \dfrac{q}{\dfrac{\pi}{4}d^2}$，缸筒向右移，活塞杆受压

第5章　习题

1. 进口；闭 ；出口；开；单独引回油箱

2. C；A

3. 略

4. 电磁铁断电：12MPa；电磁铁通电：6MPa

5. 运动期间：A 点压力 0MPa，B 点压力 0.5MPa；
　碰到死挡铁后：A 点压力 2MPa，B 点压力 5MPa

6～16. 略

第6章　习题

略

第7章　习题

1. 高速；低速；增加；相同

2. 压力；行程；速度；位移

3. C；A

4. D；B

5. A；C

6. B；C

7. B；C

8. 图 7-2(b)：

换向阀 4 电磁铁	换向阀 5 电磁铁	控制压力/MPa
－	－	8
＋	＋	2
－	＋	2
＋	－	4

图 7-2（c）：

换向阀 6 电磁铁	换向阀 4 电磁铁	换向阀 5 电磁铁	控制压力/MPa
－	－	－	8
＋	＋	＋	0
＋	＋	－	2
＋	－	＋	4
＋	－	－	6

9. 略

10. 1.5MPa；3.3MPa

11. ①$F_{max}=20000$N

②$p_2=8$MPa

12. ①2MPa，2.4MPa ②7.4mm/s ③22.78L/min，0.89L/min

13. ①60mL/r ②47.8 mL/r，20kW

14～16. 略

第 8 章 习题

略

第 9 章 习题

略

参考文献

[1]　成大先.机械设计手册 [M].6 版.北京：化学工业出版社，2016.

[2]　宁辰校.液压与气动技术 [M].北京：化学工业出版社，2017.

[3]　高殿荣，王益群.液压工程师技术手册 [M].2 版.北京：化学工业出版社，2016.

[4]　李鄂民.液压与气压传动 [M].北京：机械工业出版社，2001.